making ➡ styling

평범한 듯 특별한 **핸드메이드 여성복**의 아이템 활용법

Vest

One-Piece

Pants

멋스럽고 착용감이 좋은 핸드메이드 옷은 스타일
링에 따라 일상복에서 외출복까지 다양하게 활용
이 가능합니다.
심플한 디자인에 색과 무늬가 단순한 원단을 선
택하여 만들면 다른 아이템과 잘 어울리면서 다
양한 스타일을 연출할 수 있는 아이템이 됩니다.

상의나 하의를 만들기 전에 먼저 가지고 있는 옷의 색과 무
늬를 생각해 보세요. 위아래 세트를 만들 때도 각각 단품으
로 입을 수 있도록 고려해서 만드는 것이 좋습니다. 소재도
코튼이나 린넨, 두께감이 얇은 울 등 계절과 상관없이 입을
수 있는 원단을 선택하면 실용성이 높아집니다.

추운 계절에는 따뜻하게 여러 겹 겹쳐 입고, 더운 계절에는
단품으로 시원하게 입을 수 있습니다. 양말이나 구두 등 액
세서리를 활용하여 계절감을 표현해 보세요.

blouse

Pants

skirt

이 책에서는 만들기 쉽고, 디자인이 심플한
30여가지의 옷을 소개하고 있습니다. 옷 이외
에도 스누드와 터번같은 소품들을 함께 수록
하고 있어 스타일에 포인트가 되는 아이템을
만들 수 있습니다. 지금 바로 다양한 스타일링
을 즐길 수 있는 핸드메이드 옷을 만들어 보
세요.

Vest

Pants

CONTENTS

슬릿넥 원피스 & 테이퍼드 팬츠

㉑
P. 22

㉒
P. 22

슬릿넥 셔츠 & 가우초 팬츠

㉓
P. 24

㉔
P. 24

타이 블라우스 & 와이드 팬츠

㉕
P. 26

㉖
P. 26

셔츠 원피스 & 테이퍼드 팬츠

㉗
P. 28

㉘
P. 28

셔츠 & 랩스커트

㉙
P. 30

㉚
P. 30

롱카디건 & 와이드 팬츠

㉛
P. 32

㉜
P. 32

만들기 전에 — P.33

실물크기 패턴 사용방법 — P.34

이 책에 기재되어 있는 작품의 사이즈와 패턴에 대해서

○ 본 서적에 수록된 작품은 부록인 실물크기 패턴과 그 패턴을 응용하여 (일부 작품은 제외) 만들 수 있습니다. 실물크기 패턴의 사용방법은 P.34 '실물크기 패턴 사용방법'을 참고하여 다른 종이에 베껴 사용해 주세요.

○ 실물크기 패턴의 사이즈는 M, L, LL 3사이즈이며, 응용된 디자인은 만드는 방법 페이지를 참고하여 패턴을 수정한 후 사용해 주세요.

○ 모델의 착용 사이즈는 M사이즈입니다.

○ 작품에 대한 사이즈의 기준은 P.33을 참고해 주세요.

돌먼 블라우스
& 턱 스커트

상의와 하의를 동일한 원단으로 만든 돌먼 블라우스와
턱 스커트 세트입니다. 몸판과 소매가 하나로 이어진
블라우스와 허리에 고무줄을 넣어 만든 스커트는 누구
나 쉽게 만들 수 있는 디자인입니다. 면혼방의 소재로
만들면 사계절 내내 활용하기 좋은 아이템입니다.

만드는 방법 **01·02** ▶ P.35

point

블라우스의 밑단을 스커트 안으로 넣으
면 원피스처럼 연출할 수 있습니다.

item

01

←

item

02

←

02 아이템 코디법

허리에 턱을 접어 만든 깔끔한 디자인의 턱 스커트는 고무줄을 넣어 만들었기 때문에 착용감이 편안합니다. 베이직한 블라우스와 함께 매치하여 심플한 스타일을 연출해 보세요.

Cut-and-sew

+

02

item

03

→ ▶

가우초 팬츠

만드는 방법 03 ▶ P.38

01 아이템 코디법

스탠드 칼라가 달린 돌먼 블라우스는 진한 네이비 컬러의 가우초 팬츠와 함께 매치하여 깔끔한 스타일로 연출해 보세요.

01

+

03

item
04
→ ▶

블루종 블라우스
& 와이드 팬츠

여유 있는 실루엣의 블루종 블라우스와 스
트라이프 무늬로 만든 와이드 팬츠입니다.
상·하의 모두 활동성이 좋은 여유 있는 실루
엣의 아이템으로, 네이비 컬러로 통일하여
시원한 느낌의 캐주얼 룩을 완성해 보세요.

만드는 방법　**04** ▶ P.40　**05** ▶ P.43

point

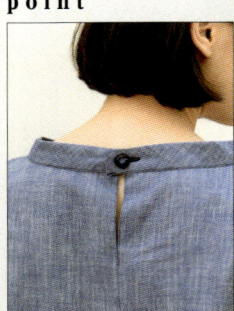

단추 여밈으로 입기 편한 스탠
드 칼라

item
05
◀ ←

04 아이템 코디법

네이비 컬러의 블루종 블라우스에 체크무늬 테이퍼드 팬츠를 매치하면 경쾌한 분위기의 일상복으로 즐길 수 있습니다.

point

큼직한 뒷주머니가 포인트

팬츠는 P.28 아이템 **28**작품

05 아이템 코디법

Cardigan

카디건과도 잘 어울리는 9부 길이의 와이드 팬츠는 다리가 길어보이고 슬림해 보이는 아이템으로 누구나 부담스럽지 않게 입을 수 있습니다.

돌먼 원피스 & 테이퍼드 팬츠

튜닉풍의 돌먼 원피스와 슬림한 테이퍼드 팬츠를 함께 매치했습니다. 원피스는 단품으로 입어도 예쁘지만, 터틀넥과 테이퍼드 팬츠를 함께 매치하면 활동적인 레이어드룩으로 연출할 수 있습니다.

만드는 방법 **06** ▶ P.42   **07** ▶ P.48

item
06
→ ▶

item
07
→ ▶

06 아이템 코디법

무릎길이의 돌먼 원피스에 스톨 베스트를 가볍게 걸쳐 톤이 다른 두 가지 그레이 컬러의 조화가 부드러운 느낌을 더해주는 세련된 스타일을 완성해보세요.

06

+

08

얇은 니트 원단으로 만든 길이감이 있는 스톨 베스트

i t e m

08

◀—

스톨 베스트

만드는 방법 **08** ▶ P.46

07 아이템 코디법

밑단으로 갈수록 바지통이 좁아지는 테이퍼드 팬츠는 어떤 옷과도 잘 어울리는 베이직한 아이템입니다. 스트라이프 무늬의 니트와 함께 입으면 보이시한 스타일을 연출할 수 있습니다

Knit

+

07

보트넥 블라우스 & 턱 스커트

핑크 컬러의 보트넥 블라우스와 턱 스커트 세트입니다. 심플한 디자인의 블라우스는 소맷부리에 리본으로 포인트를 주었습니다. 볼륨감 있는 스커트와 함께 여성스럽고 로맨틱한 스타일을 완성해 보세요.

만드는 방법 **09·10** ▶ P.51

item

09

◀───

item

10

◀───

point

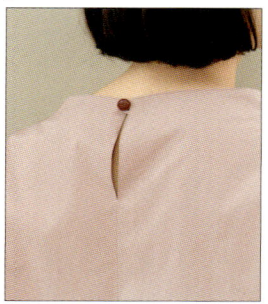

뒷여밈단추로 입기 편하게

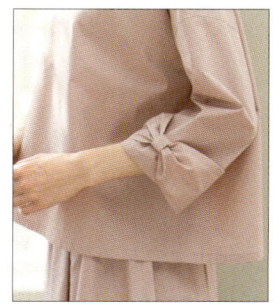

소맷부리의 리본이 포인트

10 아이템 코디법

로맨틱한 턱 스커트에 블랙 컬러의 블라우스와 숏부츠를 매치하면 시크한 분위기가 더해집니다.

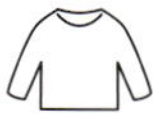

Cut-and-sew

+

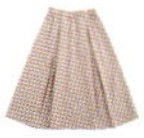

10

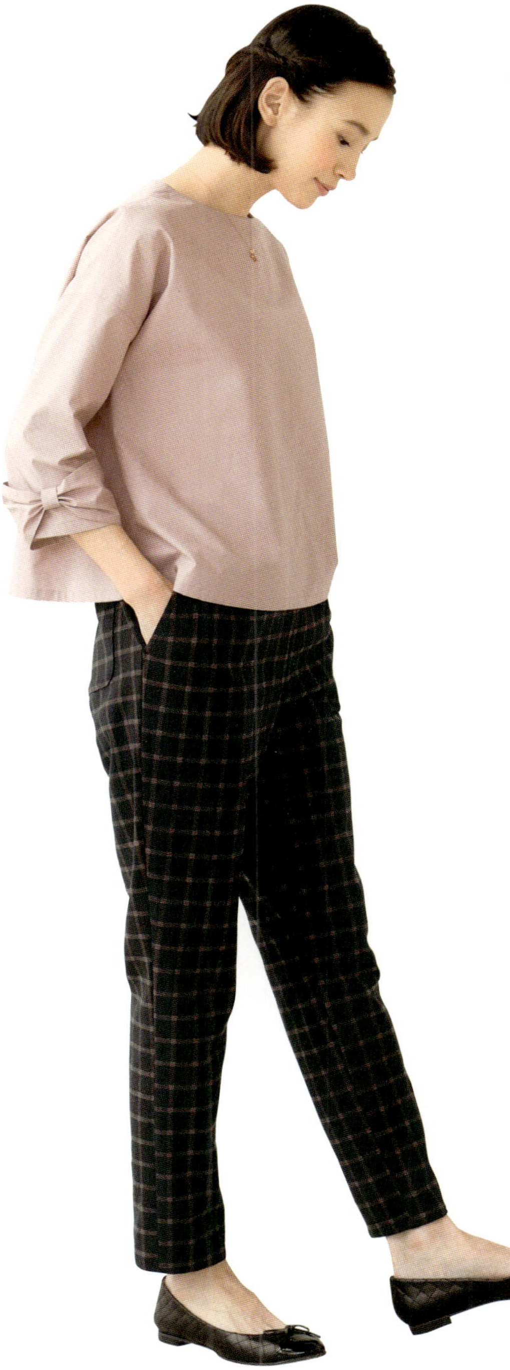

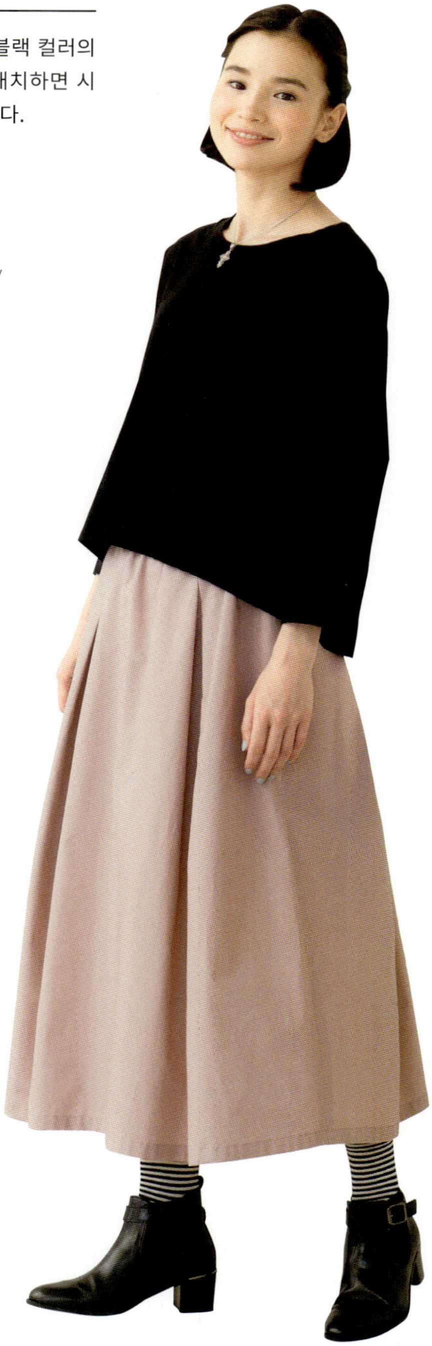

09 아이템 코디법

소맷부리의 리본이 포인트인 보트넥 블라우스와 슬림한 테이퍼드 팬츠를 함께 매치하면 로맨틱한 느낌의 캐주얼룩이 완성됩니다.

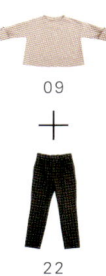

09

+

22

item

11

→

보트넥 원피스

아이템 **09**의 옷길이를 늘려 만든 보
트넥 원피스는 드롭 숄더의 여유 있
는 실루엣을 살린 심플한 아이템입
니다. 니트원단으로 만들면 계절에
상관없이 입을 수 있습니다.

만드는 방법 **11** ▸ P.54

item

12

←

스누드

만드는 방법 **12** ▶ P.54

11 아이템 코디법 ①

심플한 보트넥 원피스에 스누드를 걸쳐 터틀넥 원피스로 연출해 보세요. 원피스와 같은 원단으로 만든 스누드는 다른 옷에 걸쳐도 잘 어울리는 실용적인 아이템입니다.

11 아이템 코디법 ②

셔츠와 데님 팬츠에 보트넥 원피스를 겹쳐 입은 레이어드 스타일로 깔끔한 스니커즈를 더해 캐주얼하게 연출해 보세요.

Shirt

Pants

프렌치 슬리브 원피스

어깨를 감싸는 프렌치 슬리브 원피스는 밑단
으로 갈수록 넉넉하게 퍼지는 A라인 실루엣
의 아이템입니다. 원피스와 같은 원단으로
만든 벨트로 허리를 묶어주면 더욱 여성스러
운 실루엣이 완성됩니다.

만드는 방법 **13** ▶ P.56

item

13

◀——

14

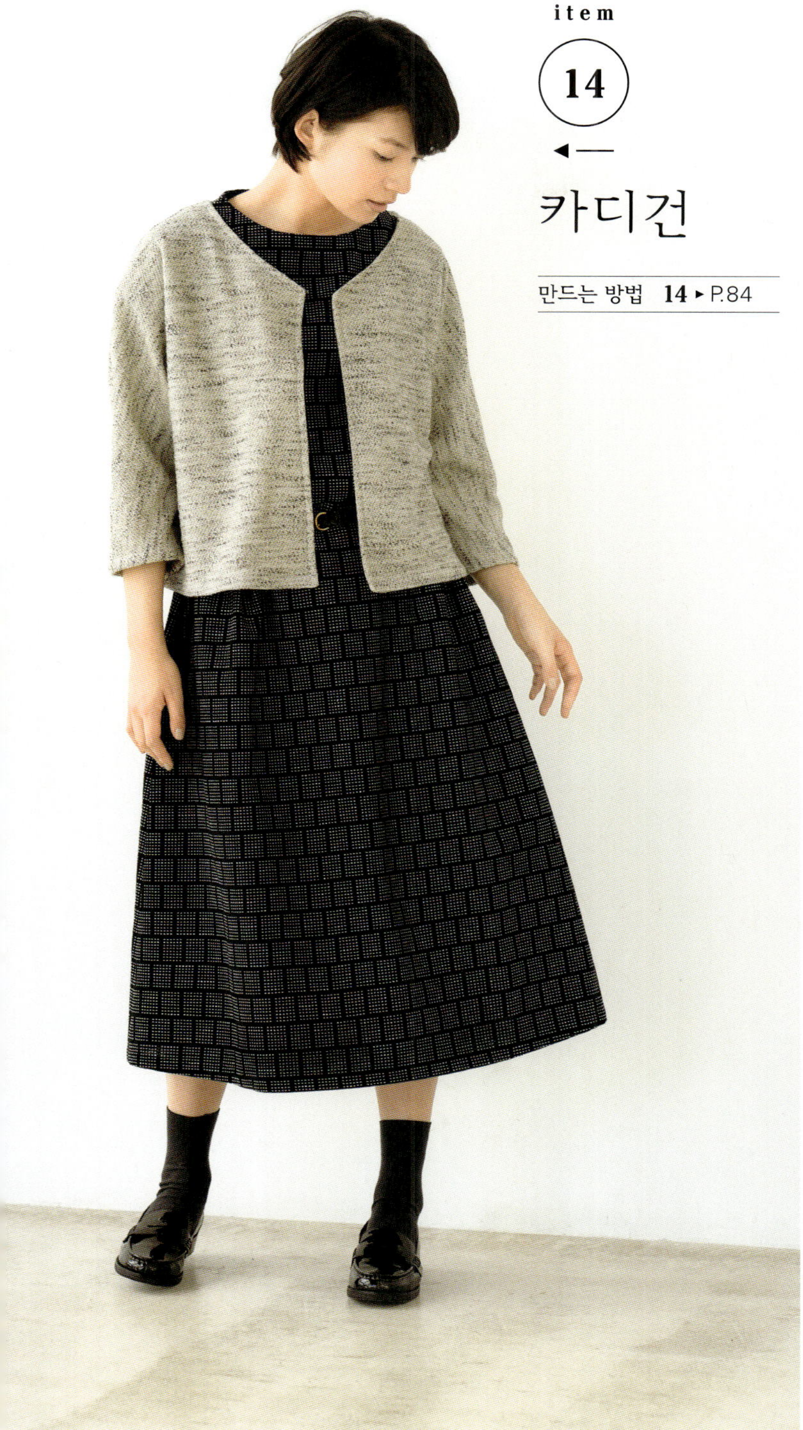

item

14

카디건

만드는 방법 **14** ▸ P.84

13 아이템 코디법 ②

셔츠 위에 A라인 실루엣의 프렌치 슬리브 원피스를 레이어드하면 귀여운 점퍼스커트 스타일로 연출할 수 있습니다.

13

+

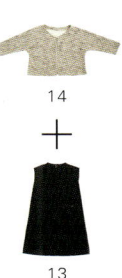

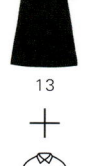

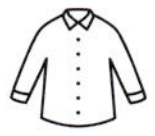

Shirt

13 아이템 코디법 ①

벨트로 허리라인을 살린 프렌치 슬리브 원피스에 멜란지 그레이 컬러의 카디건을 걸치면 여성스러운 느낌으로 연출할 수 있습니다.

14

+

13

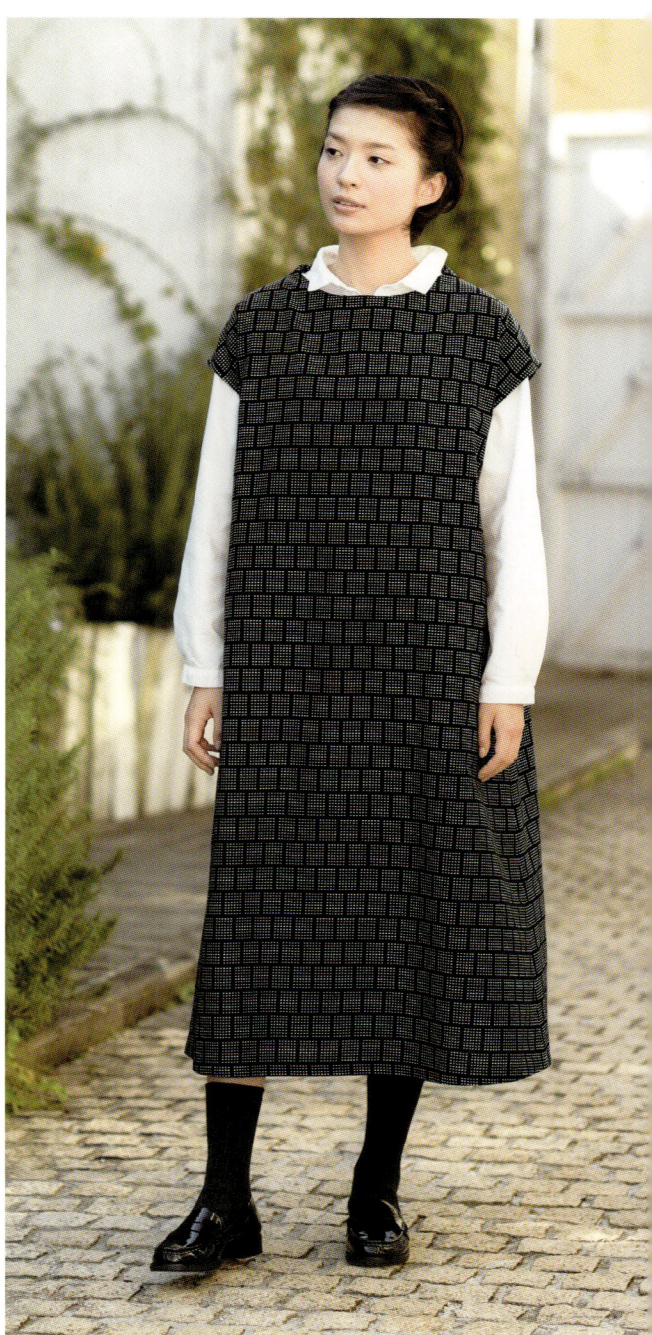

라운드넥 블라우스
& 턱 스커트

뒤 밑단으로 갈수록 길이가 길어지는 라운드
넥 블라우스와 무릎길이의 볼륨감 있는 턱
스커트를 매치하여 여성스러운 스타일을 완
성해 보세요.

만드는 방법 15·16 ▶ P.58

item

15

◀

item

16

◀

뒷중심에 턱을 접은 디자인

15 아이템 코디법

화이트 컬러의 라운드넥 블라우스는 어떤 옷과도 잘 어울리는 아이템입니다. 스트라이프 무늬의 와이드 팬츠와 매치하면 차분하고 여성스럽게 연출할 수 있습니다.

15

+

Tank top

+

05

16 아이템 코디법

독특한 프린트의 턱 스커트에 네이비 컬러의 카디건을 매치하여 세련되고 여성스러운 스타일을 연출해 보세요. 일상복이나 외출복 등 각 상황에 어울리는 액세서리를 더해주세요.

Cardigan

+

16

17

→ ▶

item

18

→ ▶

터번
& 슬리브리스 원피스

체크 무늬 원단으로 만든 슬리브리스 원피스
와 터번입니다. 원피스는 단품으로 깔끔하
게 입을 수도, 다양하게 레이어드할 수도 있
는 아이템입니다. 터틀넥과 원피스를 겹쳐
입은 심플한 옷차림에 터번을 활용하여 멋스
러움을 더해보세요.

만드는 방법 **17·18** ▶ P.62

18 아이템 코디법

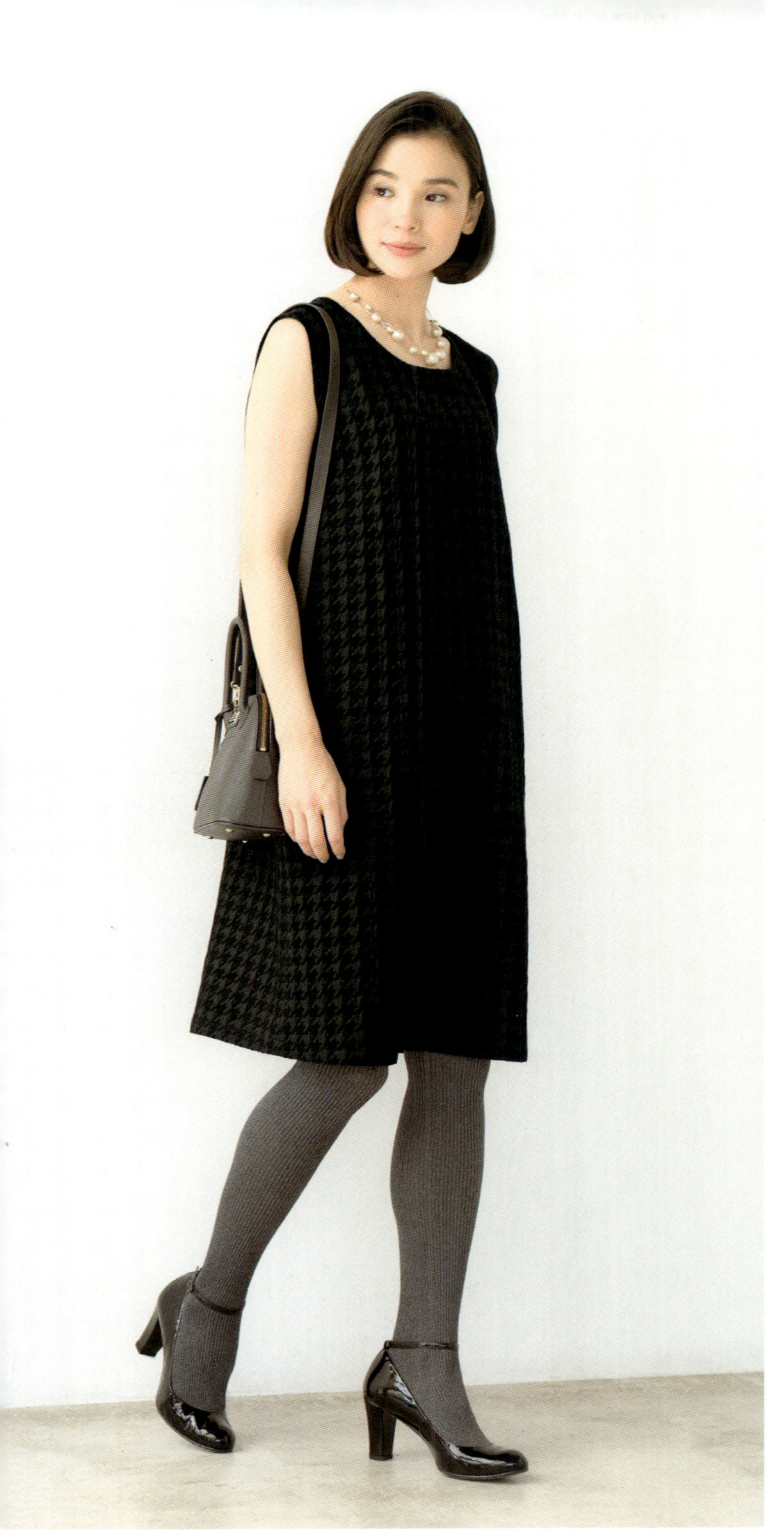

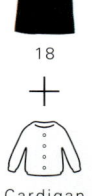

체크 무늬의 슬리브리스 원피스에 밝은 그레이 컬러의 카디건을 매치하여 차분한 분위기를 연출해 보세요.

18

+

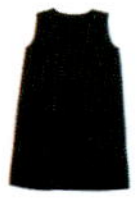

Cardigan

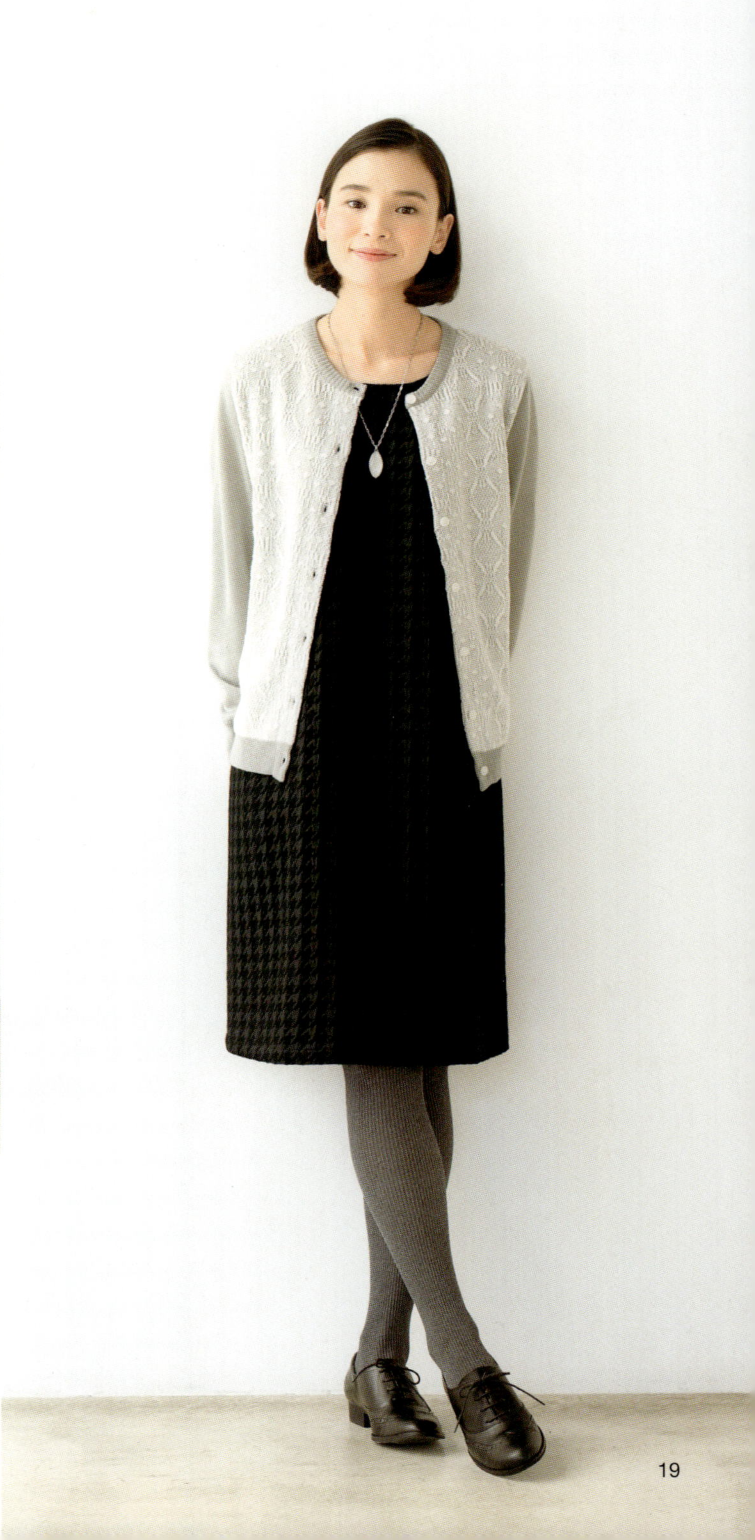

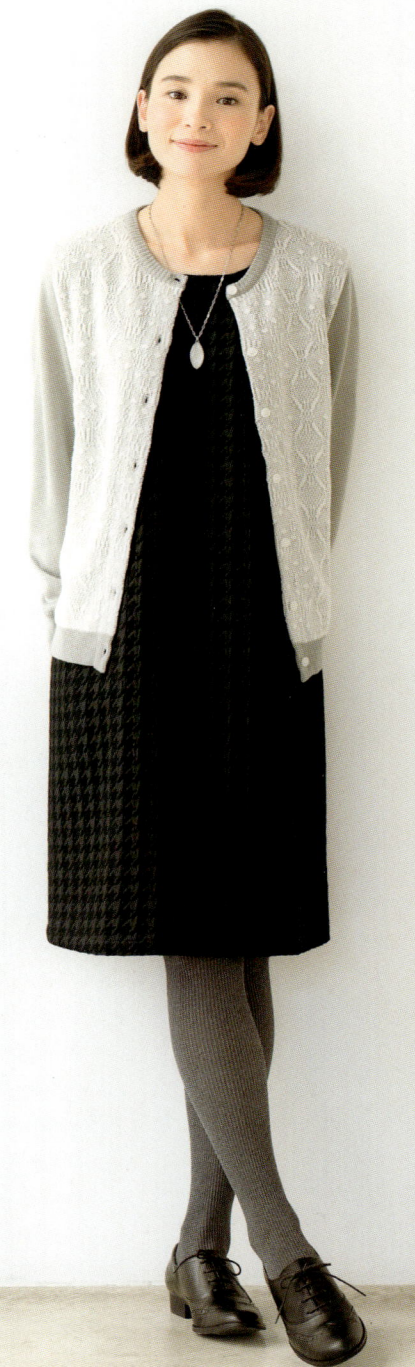

18 아이템 코디법

심플한 디자인의 슬리브리스 원피스에 포인트가 되는 세련된 스타일을 완성해 보세요.

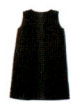

18

베스트
& 랩스커트

스트라이프 무늬의 베스트와 랩스
커트 세트입니다. 간편하게 입을 수
있는 풀오버 스타일의 베스트와 단
추 여밈의 랩스커트는 레이어드하
는 아이템에 따라 다양하게 연출할
수 있습니다.

만드는 방법 **19·20** ▶ P.68

item

19

◀

item

20

▶

point

뒷중심에 턱을 접은 여유 있는 실루엣

19 아이템 코디법

데님 셔츠와 와이드 팬츠에 풀오버 스타일의 베스트를 레이어드하여 유니크한 스타일을 연출해 보세요.

19

+

Shirt

+

32

20 아이템 코디법

로맨틱한 느낌의 보트넥 블라우스에 블랙 컬러의 랩스커트를 매치하면 차분하고 여성스러운 스타일을 완성할 수 있습니다.

09

+

20

슬릿넥 원피스
& 테이퍼드 팬츠

네크라인에 트임을 준 튜닉 스타일의 슬릿넥 원피스에 터틀넥과 체크무늬의 테이퍼드 팬츠를 함께 레이어드하여 추운 계절에도 따뜻하고 멋스러운 스타일을 완성해 보세요.

만드는 방법 **21** ▸ P.65 **22** ▸ P.48

item

21

◄ —

item

22

◄ —

21 아이템 코디법

봄, 여름에는 슬릿넥 원피스와 코튼린넨으로 만든 테이퍼드 팬츠를 매치하여 산뜻하고 편안한 스타일을 연출할 수 있습니다.

21

+

07

22 아이템 코디법

체크 무늬의 테이퍼드 팬츠에 후드 티셔츠와 비니를 매치하여 활동성 있는 캐주얼한 스타일로 연출해 보세요.

Parka

+

22

슬릿넥 셔츠
& 가우초 팬츠

유니크한 프린트 원단으로 만든 심플한 디
자인의 슬릿넥 블라우스입니다. 블라우스의
무늬와 컬러를 맞춘 가우초 팬츠와 함께 감
각적인 스타일을 완성해 보세요.

만드는 방법 **23** ▶ P.76   **24** ▶ P.38

24 아이템 코디법

사계절 내내 활용 가능한 코튼 트윌의 가우초 팬츠에 스트라이프 무늬의 티셔츠를 매치하고, 그 위에 스톨 베스트를 걸쳐 모던하면서도 감각적인 스타일을 완성해 보세요.

08

+

Cut-and-sew

+

24

23 아이템 코디법

유니크한 패턴의 슬릿넥 블라우스에 파스텔 컬러의 와이드 팬츠를 매치하면 산뜻하고 화사한 분위기의 옷차림이 완성됩니다.

23

+

32

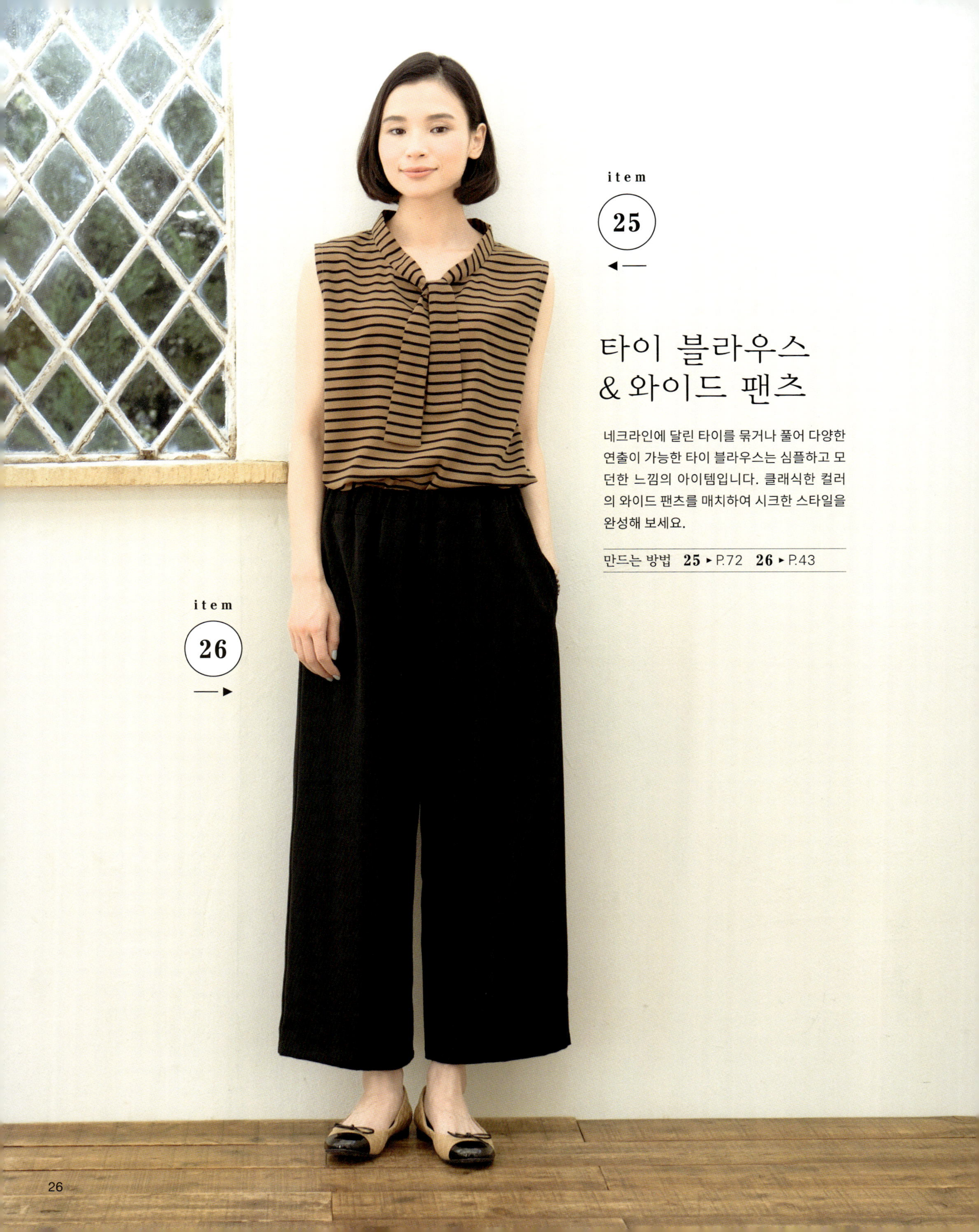

item
25
◄—

타이 블라우스 & 와이드 팬츠

네크라인에 달린 타이를 묶거나 풀어 다양한 연출이 가능한 타이 블라우스는 심플하고 모던한 느낌의 아이템입니다. 클래식한 컬러의 와이드 팬츠를 매치하여 시크한 스타일을 완성해 보세요.

만드는 방법 **25** ▸ P.72 **26** ▸ P.43

item
26
—►

25 아이템 코디법

 25

길이감이 있는 타이 블라우스는 슬림한 9부 길이의 팬츠와도 잘 어울리는 아이템입니다. 카디건을 걸치면 조금 쌀쌀한 날에도 입을 수 있는 옷차림이 됩니다.

 Pants

26 아이템 코디법

 14

화이트 컬러의 블라우스와 블랙 컬러의 와이드 팬츠를 매치한 심플한 옷차림에 분위기 있는 멜란지 카디건으로 포인트를 주어 스타일을 완성해 보세요.

 Cut-and-sew

 26

셔츠 원피스
& 테이퍼드 팬츠

길이가 긴 셔츠 원피스는 단추를 잠그지 않
고 걸쳐 입으면 아우터로도 활용할 수 있습
니다. 밑단을 롤업한 테이퍼드 팬츠와 함께
감각적인 스타일을 완성해 보세요.

만드는 방법 **27** ▸ P.82   **28** ▸ P.48

point

요크 아래에 턱을 접은 디자인

point

셔츠 원피스의 단추를 잠그고 허리벨
트를 묶어주면 여성스러운 스타일이
완성됩니다.

27 아이템 코디법

셔츠 원피스에 풀오버 타입의 베스트를 겹쳐 입은 유니크한 스타일로 활동성과 보온성을 모두 갖춘 레이어드 스타일을 연출해 보세요.

19

+

27

point

뒷중심에 턱을 접은 디자인

28 아이템 코디법

깅엄체크 무늬의 테이퍼드 팬츠에 화이트 블라우스를 매치하여 깔끔한 캐주얼룩을 연출해 보세요. 머플러를 활용하면 분위기 있는 스타일을 연출할 수 있습니다.

Cut-and-sew

+

28

셔츠
&랩스커트

잔잔한 무늬가 귀여운 셔츠와 심플한
디자인의 랩스커트입니다. 셔츠의 밑
단을 스커트에 넣어 단정하게 연출했습
니다. 소매를 자연스럽게 롤업하여 멋
스러운 스타일을 완성해 보세요.

만드는 방법 29·30 P.77

item
29

item
30

30 아이템 코디법

01

+

30

스탠드 칼라가 달린 돌먼 블라우스에 랩스커트를 매치하면 여성스러움이 가득 담긴 스타일이 완성됩니다.

29 아이템 코디법

29

+

03

잔잔한 무늬의 셔츠에 가우초 팬츠를 매치하고 셔츠의 앞밑단만 가볍게 넣어주면 자연스러운 분위기가 연출됩니다.

롱카디건
& 와이드 팬츠

니트 원단으로 만든 롱카디건과 코튼 트윌의
와이드 팬츠는 여유 있는 실루엣의 아이템
입니다. 길이감이 있는 카디건과 9부 길이의
와이드 팬츠가 날씬하면서도 키가 커 보이는
효과를 줍니다.

만드는 방법 **31** ▸ P.86 **32** ▸ P.43

31 아이템 코디법

환절기 아우터로도 활용이 가능한
롱카디건은 여성스러운 느낌의 블
라우스와 스커트에도 잘 어울리는
아이템입니다. 벨트로 허리를 묶어
주면 여성스러운 분위기가 더해집
니다.

31

+

15

+

16

item

31

→ ▶

item

32

◄ —

＊ ＊ ＊만들기 전에＊ ＊ ＊

접착심 붙이는 방법

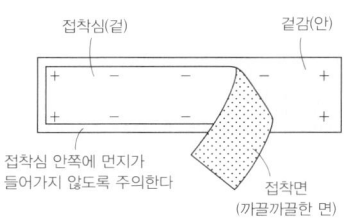

접착심 안쪽에 먼지가
들어가지 않도록 주의한다

① 다리미판 위에 겉감의 안쪽이
위를 향하게 올려 놓은 후 접착심의
접착면이 맞닿게 겹친다

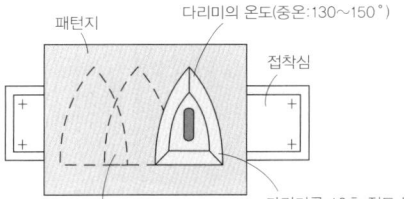

② 접착심 위에 패턴지를 겹친다.
다리미의 온도를 130~150℃로 맞추고
체중을 실어 10초 정도 눌러 다린다.
이때, 다리미는 문지르지 않고, 꾹꾹 눌러
수직 방향으로 이동해가며 접착심을 붙인다

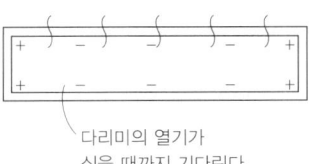

다리미의 열기가
식을 때까지 기다린다

③ 접착심을 붙인 직후에는 쉽게
떨어질 수 있기 때문에 열이 식을
때까지 기다렸다가 사용한다

★ 잘못된 곳에 접착심을 붙인 경우에는 스팀 다리미로 눌러 다린 후
뜨거울 때 제거합니다. 제거한 접착심은 다시 사용할 수 없습니다.
★ 다리미에 접착심의 풀이 묻었을 때에는 다리미가 뜨거울 때
안쓰는 천으로 닦아주세요.

참고 사이즈표

※채촌은 누드 사이즈입니다.   (단위:cm)

명칭 ＼ 사이즈	M	L	LL
가슴둘레	84	90	100
허리둘레	66	72	82
엉덩이둘레	90	96	106
목둘레	36.5	39	41.5
손목둘레	16	18	18
머리둘레	58	58	60
등길이	38	40	41
허리길이	20	21	22
소매길이	53	55	56
밑위길이	26	28	30
밑아래길이	65	68	70
신장	158	162	166

패턴의 사이즈를 결정하는 방법

＊ 본 서적의 실물 패턴은 표준 사이즈를 지향합니다.
＊ 착장자의 체형에 따라 실제로 제작한 옷의 착용감이 다를 수 있으므로
아래의 방법을 활용하여 패턴 사이즈를 선택해주세요.
1. 착장자는 얇은 티셔츠를 입고 가슴둘레(유두선 둘레)를 측정합니다.
2. 실물 패턴에서 원하는 디자인을 찾아 선택합니다.
3. 선택한 실물패턴의 앞·뒤몸판 가슴둘레를 측정합니다.
※주의사항: 앞판에 여밈이 있을 경우 앞판 중심은 단추 위치를 연결한 선을 기준으로 측정합니다.
4. 측정값에 따라 사용할 맞춤 사이즈를 결정합니다.
　　예) 착장자의 실제 가슴둘레가 84cm일 때 패턴의 가슴둘레는 4~20cm가 더 커야 합니다.
　　　-84cm+(4~6cm) : 스판성 있는 원단으로 만드는 타이트한 디자인
　　　-84cm+(6~10cm) : 스트레이트한 기본 여유분이 있는 디자인
　　　-84cm+(10~14cm) : 박시하고 여유있는 디자인
　　　-84cm+(14~20cm) : 매우 편안한 루즈핏의 디자인

린넨 소재의 원단 바로잡기에 대해서

＊ 린넨 원단은 수분을 머금으면 줄어들 가능성이 있기 때문에 재단하기 전에 미리 세탁하여 수축시켜 둡니다.
＊ 원단을 준비할 때에는 줄어드는 양을 미리 계산하여 넉넉하게 준비합니다.

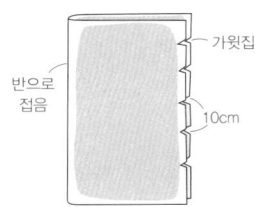

1. 원단의 올 방향이 틀어질 수 있기
때문에 10cm 간격으로 가윗집을 준다.

2. 세탁기에 세제를 넣고, 세탁한다.

3. 원단에 구김이 생기지 않도록
잘 펼쳐서 말린다.

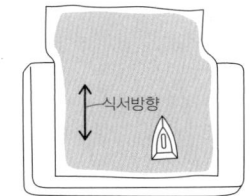

4. 원단이 80%정도 마르면 다리미로
안쪽부터 다려준다. 이때 원단의 가로,
세로의 결을 따라 다려준다.

＊＊＊실물크기 패턴의 사용방법＊＊＊

1. 만들고자 하는 작품이 결정되면

◆ 만드는 방법 페이지에 기재되어 있는 해당 패턴의 번호를 확인합니다.

◆ 사용할 실물크기 패턴을 넓은 책상 또는 바닥에 펼칩니다.

◆ 만들고자 하는 작품의 패턴 번호와 패턴의 개수, 패턴의 선 등을 확인합니다.

※ 실물크기 패턴은 여러 개의 패턴이 겹쳐져 있으므로 사용할 패턴 번호와 선을 형광펜 등으로 따라 그려서 표시합니다.

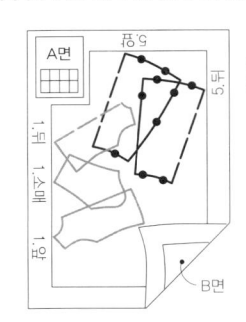

1번 패턴은 회색 ——— 선으로 패턴은 총 3장입니다.

2. 패턴지에 패턴을 베낀다

◆ 사용할 실물크기 패턴은 다른 패턴지에 베껴서 사용합니다.

◆ 베끼는 방법은 왼쪽의 두 가지 방법을 참고하세요.

◆ 하나의 패턴 안에는 여러 개의 밑단선이 들어있는 패턴도 있습니다. 작품의 번호를 확인하고, 틀리지 않도록 베껴 그립니다.

＊ 패턴을 베낄 때 주의사항 ＊

◆ 실물크기 패턴과 패턴지가 움직이지 않도록 문진이나 시침핀 등으로 고정합니다.

◆ 맞춤점, 단추 위치, 봉합 끝점, 안내선, 식서 방향 등도 빠짐 없이 베끼고, 각 부분의 명칭도 패턴에 기록합니다.

＊ 불투명한 종이에 베끼는 경우 ＊

실물크기 패턴과 패턴지 사이에 초크페이퍼를 끼우고 룰렛으로 패턴을 따라 그려 베낍니다

＊ 투명한 종이에 베끼는 경우 ＊

실물크기 패턴 위에 패턴지를 대고 연필로 베껴냅니다

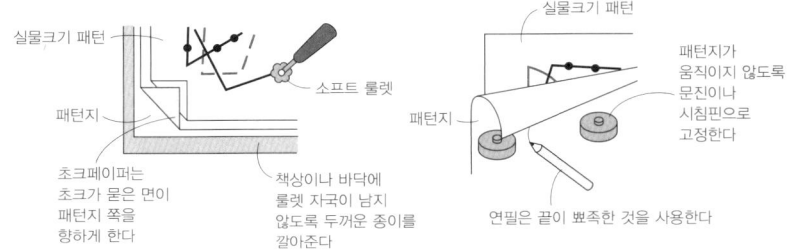

실물크기 패턴

패턴지

초크페이퍼는 초크가 묻은 면이 패턴지 쪽을 향하게 한다

소프트 룰렛

책상이나 바닥에 룰렛 자국이 남지 않도록 두꺼운 종이를 깔아준다

실물크기 패턴

패턴지가 움직이지 않도록 문진이나 시침핀으로 고정한다

패턴지

연필은 끝이 뾰족한 것을 사용한다

3. 시접이 포함된 패턴 만들기

◆ 실물크기 패턴에는 시접이 포함 되어있지 않기 때문에 만드는 방법 페이지의 재단 배치도를 참고 하여 베껴낸 패턴에 시접 선을 그려 줍니다.

◆ 시접선은 완성선에 평행하게 그려줍니다.

◆ 밑단선이나 소맷부리는 시접을 접은 상태로 옆선을 자릅니다.

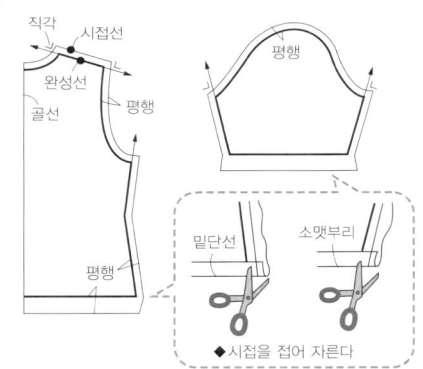

직각 · 시접선 · 완성선 · 골선 · 평행 · 평행 · 평행

평행

밑단선 · 소맷부리

◆ 시접을 접어 자른다

4. 원단을 재단한다

◆ 패턴에 적혀있는 올 방향선을 원단의 식서 방향에 맞춰 배치합니다.

◆ 패턴이 움직이지 않도록 시침핀으로 고정한 다음. 원단이 움직이지 않도록 몸을 이동해가며 재단합니다.

◆ 끈이나 벨트 등의 직선 패턴은 실물크기 패턴이 들어있지 않습니다. 재단 배치도의 치수를 참고하여 원단에 직접 제도하여 사용합니다.

5. 표시를 준다

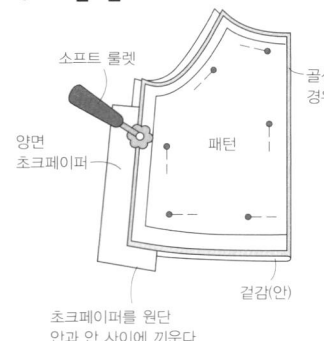

소프트 룰렛

양면 초크페이퍼

패턴

골선의 경우

겉감(안)

초크페이퍼를 원단 안과 안 사이에 끼운다

· 재단한 원단은 안끼리 맞닿게 겹친 다음. 원단과 원단 사이에 양면 초크페이퍼를 끼워줍니다.

· 원단 위에 패턴을 다시 올려 놓고 시침핀 으로 고정한 후 완성선을 따라 룰렛으로 그리면 원단의 안쪽 면에 완성선 표시가 생깁니다.

넓은 장소에서 작업합니다.

돌먼 블라우스
턱 스커트

✳ 블라우스 패턴…A면 1패턴을 사용한다

· 패턴…앞몸판, 뒷몸판, 칼라

· 칼라에 접착심을 붙인다

✳ 스커트 패턴…B면 16패턴을 변형하여 사용한다

· 패턴…앞·뒤스커트

· 허리밴드 패턴은 아래의 치수를 참고하여 직접 제도하여 사용한다

패턴 수정 방법

· 스커트는 응용된 작품이기 때문에 B면 16패턴을 수정하여 사용한다

· 스커트길이는 치수에 맞춰 늘려준다

1 · 2재료		M	L	LL
겉감(핀체크)	120cm폭	500cm	520cm	530cm
접착심	112cm폭	60cm	60cm	65cm
고무줄	3.5cm폭	72cm	78cm	88cm
단추	지름1.3cm		1개	
완성 사이즈				
가슴둘레		108cm	114cm	124cm
뒷중심길이		66.5cm	69.7cm	72.9cm
엉덩이둘레		100cm	106cm	116cm
스커트길이		82.5cm	85.5cm	85.5cm

1패턴

☐ = 1패턴

✳1, 2작품의 재단 배치도는 P.37에 있습니다

3단으로 된 숫자는 위에서부터
M
L
LL
1단으로 된 숫자는 공통

2패턴

▨ = 16패턴

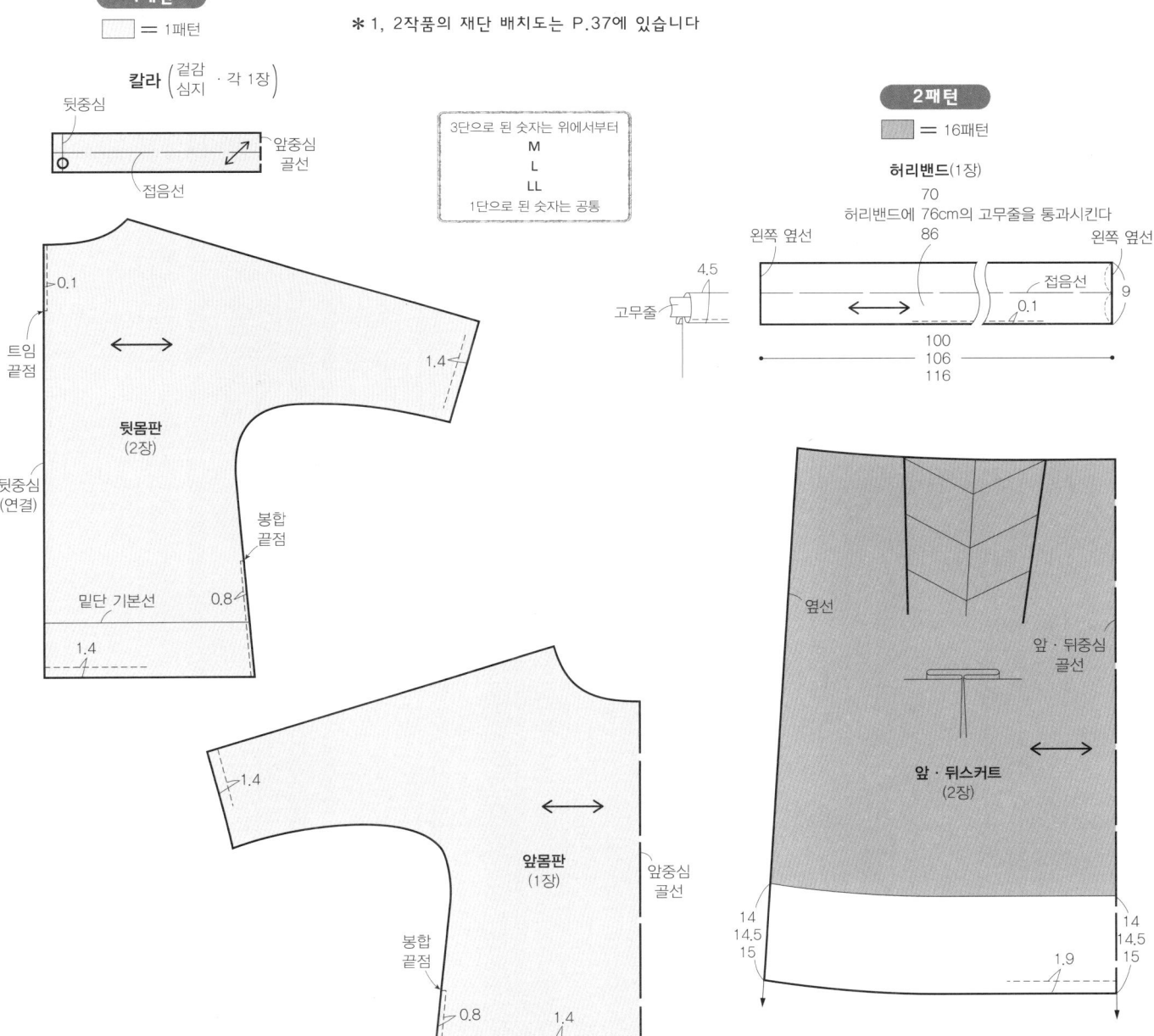

칼라 (겉감·심지 · 각 1장)

뒷중심
앞중심
골선
접음선
0.1
트임
끝점
뒷중심
(연결)
뒷몸판
(2장)
봉합
끝점
밑단 기본선
0.8
1.4
1.4

앞몸판
(1장)
앞중심
골선
봉합
끝점
0.8
1.4

허리밴드(1장)
70
허리밴드에 76cm의 고무줄을 통과시킨다
86
왼쪽 옆선
왼쪽 옆선
고무줄
4.5
접음선
0.1
9
100
106
116

앞 · 뒤중심
골선
옆선
앞 · 뒤스커트
(2장)
14
14.5
15
14
14.5
15
1.9

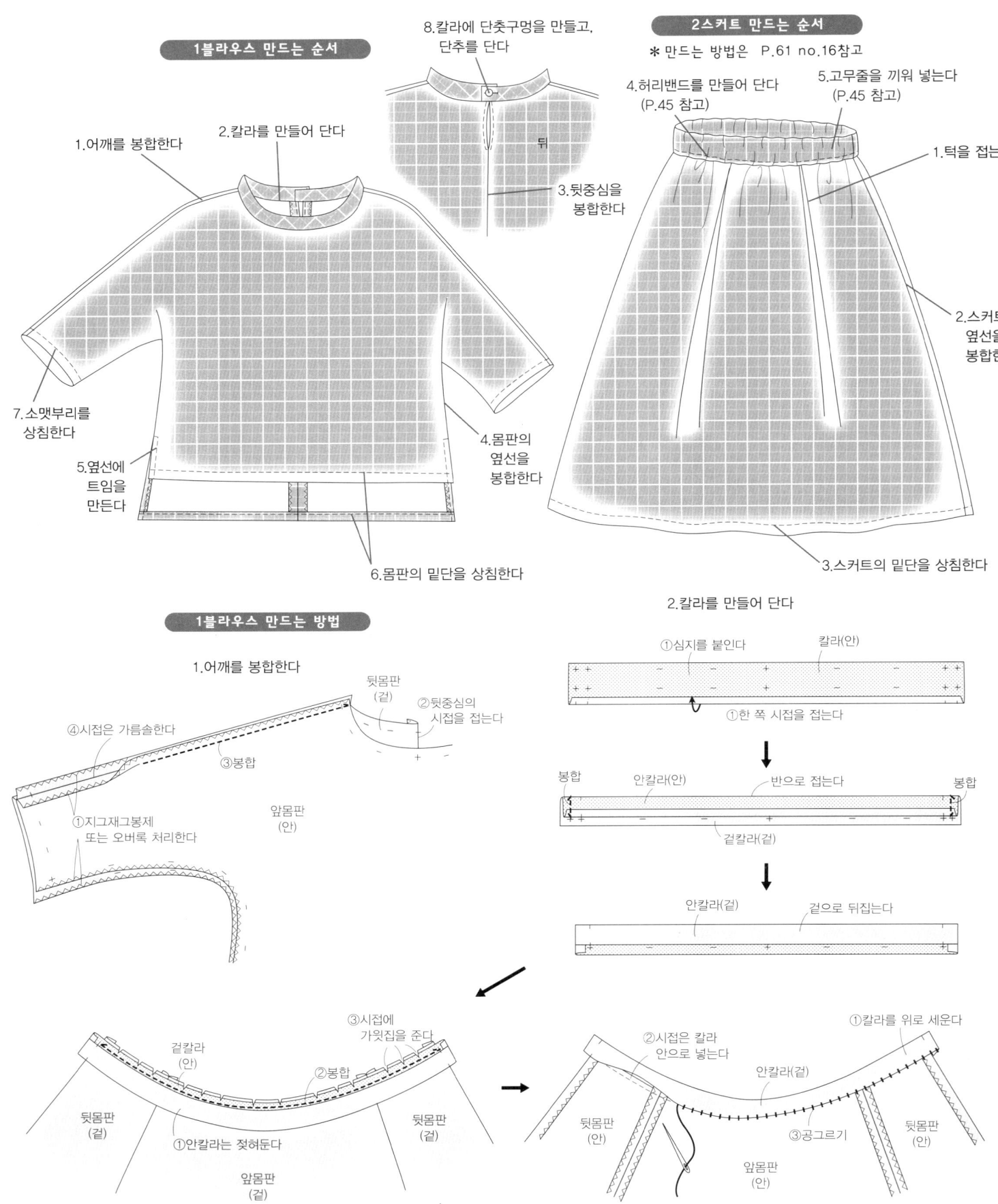

8.칼라에 단춧구멍을 만들고,
단추를 단다

2.스커트 만드는 순서

＊만드는 방법은 P.61 no.16참고

1.어깨를 봉합한다

2.칼라를 만들어 단다

뒤

3.뒷중심을
봉합한다

4.허리밴드를 만들어 단다
(P.45 참고)

5.고무줄을 끼워 넣는다
(P.45 참고)

1.턱을 접는

7.소맷부리를
상침한다

5.옆선에
트임을
만든다

4.몸판의
옆선을
봉합한다

2.스커트
옆선을
봉합한

6.몸판의 밑단을 상침한다

3.스커트의 밑단을 상침한다

1블라우스 만드는 방법

1.어깨를 봉합한다

뒷몸판
(겉)

④시접은 가름솔한다

②뒷중심의
시접을 접는다

③봉합

①지그재그봉제
또는 오버록 처리한다

앞몸판
(안)

2.칼라를 만들어 단다

①심지를 붙인다

칼라(안)

①한 쪽 시접을 접는다

봉합

안칼라(안)

반으로 접는다

봉합

겉칼라(겉)

안칼라(겉)

겉으로 뒤집는다

겉칼라
(안)

③시접에
가윗집을 준다

②봉합

②시접은 칼라
안으로 넣는다

①칼라를 위로 세운다

안칼라(겉)

뒷몸판
(겉)

①안칼라는 젖혀둔다

뒷몸판
(겉)

뒷몸판
(안)

③공그르기

뒷몸판
(안)

앞몸판
(겉)

앞몸판
(안)

36

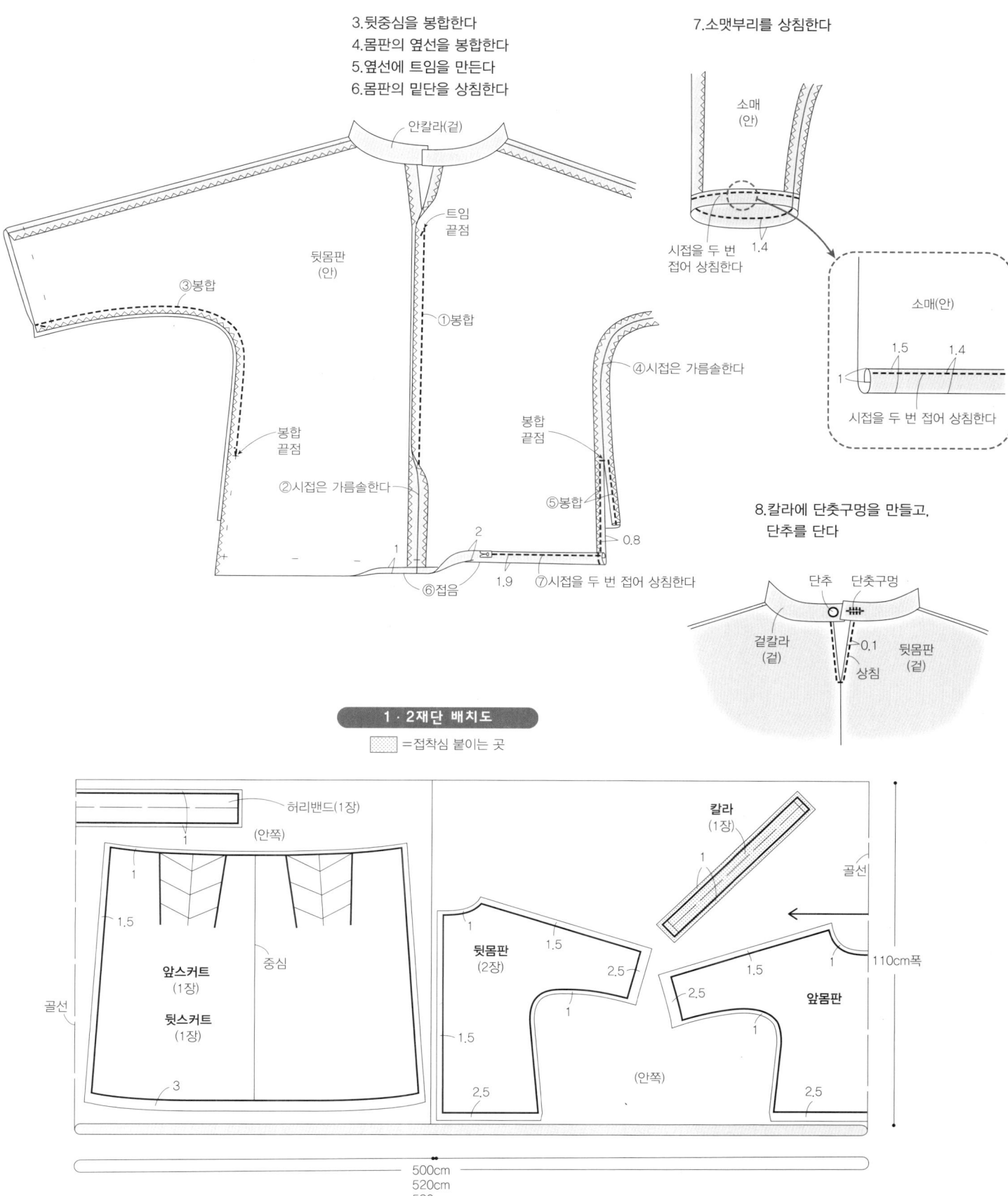

3.뒷중심을 봉합한다
4.몸판의 옆선을 봉합한다
5.옆선에 트임을 만든다
6.몸판의 밑단을 상침한다

7.소맷부리를 상침한다

안칼라(겉)

소매
(안)

뒷몸판
(안)

트임
끝점

③봉합

①봉합

시접을 두 번
접어 상침한다

1.4

소매(안)

1.5   1.4

1

시접을 두 번 접어 상침한다

봉합
끝점

④시접은 가름솔한다

②시접은 가름솔한다

봉합
끝점

⑤봉합

8.칼라에 단춧구멍을 만들고,
단추를 단다

0.8

1.9 ⑦시접은 두 번 접어 상침한다

2

1

⑥접음

단추   단춧구멍

겉칼라
(겉)

0.1
상침

뒷몸판
(겉)

1 · 2재단 배치도

=접착심 붙이는 곳

허리밴드(1장)

1

(안쪽)

칼라
(1장)

1

골선

1

1.5

앞스커트
(1장)

뒷스커트
(1장)

중심

골선

3

뒷몸판
(2장)

1

1.5

2.5

1

1.5

2.5

1

1.5

2.5

1

앞몸판

(안쪽)

2.5

110cm폭

500cm
520cm
530cm

실물크기 패턴

＊팬츠 패턴…B면 3·24패턴을 사용한다
· 패턴…앞팬츠, 뒤팬츠, 주머니천

3·24재료

3·24재료		M	L	LL
3겉감(울 압축 니트)	140cm폭	190cm	200cm	210cm
24겉감(코튼 폴리에스테르 트윌)	112cm폭	220cm	230cm	240cm
고무밴드	3cm폭	72cm	78cm	88cm
완성 사이즈				
엉덩이둘레		106cm	112cm	122cm
팬츠길이		78cm	81.5cm	84cm

3·24만드는 순서

5.허리를 봉합하고, 고무줄을 통과시킨다

1.주머니를 만들고, 팬츠의 옆선을 봉합한다

4.밑위둘레를 봉합한다

2.밑아래를 봉합한다

3.팬츠의 밑단을 상침한다

3·24패턴

☐ = 3·24 패턴

허리밴드에 76cm의 고무줄을 통과시킨다
70
86
4

0.1
4
고무줄을 통과시킨다
(오른쪽만)
뒷중심

뒷몸판
(2장)

2.4

주머니 입구
0.8
0.1
앞중심
(오른쪽만)
주머니천(4장)

앞몸판
(2장)

2.4

3단으로 된 숫자는 위에서부터
M
L
LL
1단으로 된 숫자는 공통

3 재단 배치도

골선

5
1.5
뒤팬츠
(2장)
3.5
1
1
1.5
주머니천
(2장)
1.5

1
주머니천
(2장)
1.5

1.5
주머니천
(2장)
1.5
5
1.5
앞팬츠
(2장)
3.5
1.5
(안쪽)

140cm폭

190cm
200cm
210cm

24 재단 배치도

골선

주머니천
(4장) 1.5
1
1.5
주머니천
1.5
1

1.5
5
1
앞팬츠
(2장)
3.5
1.5
(안쪽)

1.5
5
뒤팬츠
(2장)
1
3.5
1.5

112cm폭

220cm
230cm
240cm

1.주머니를 만들고,
팬츠의 옆선을 봉합한다

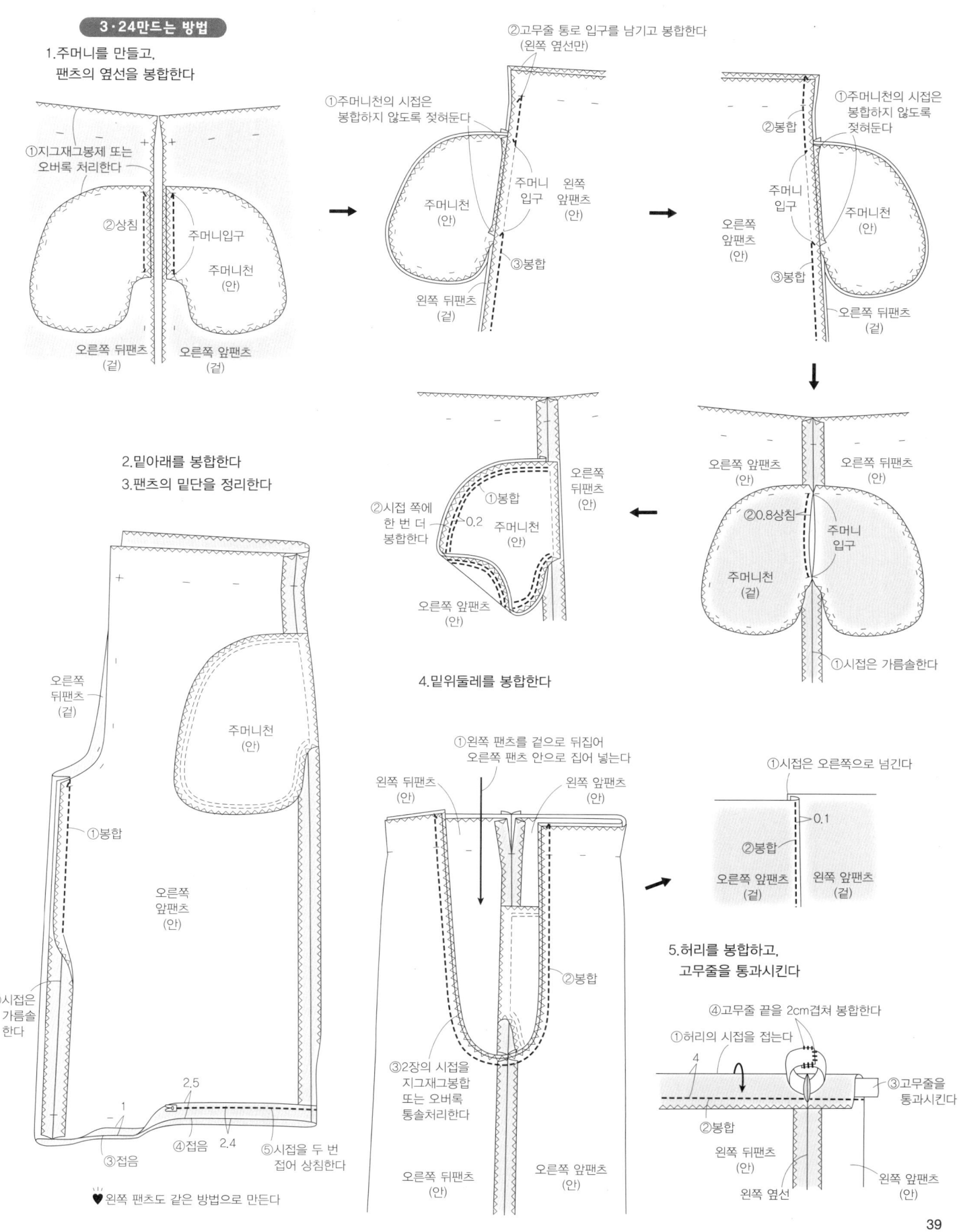

①지그재그봉제 또는
오버록 처리한다

②상침

주머니입구

주머니천
(안)

오른쪽 뒤팬츠
(겉)

오른쪽 앞팬츠
(겉)

②고무줄 통로 입구를 남기고 봉합한다
(왼쪽 옆선만)

①주머니천의 시접은
봉합하지 않도록 젖혀둔다

주머니천
(안)

주머니
입구

왼쪽
앞팬츠
(안)

③봉합

왼쪽 뒤팬츠
(겉)

①주머니천의 시접은
봉합하지 않도록
젖혀둔다

②봉합

주머니
입구

주머니천
(안)

③봉합

오른쪽
앞팬츠
(안)

오른쪽 뒤팬츠
(겉)

오른쪽 앞팬츠
(안)

오른쪽 뒤팬츠
(안)

②0.8상침

주머니
입구

주머니천
(겉)

①시접은 가름솔한다

②시접 쪽에
한 번 더
봉합한다

①봉합

0.2

주머니천
(안)

오른쪽
뒤팬츠
(안)

오른쪽 앞팬츠
(안)

2.밑아래를 봉합한다
3.팬츠의 밑단을 정리한다

오른쪽
뒤팬츠
(겉)

주머니천
(안)

①봉합

오른쪽
앞팬츠
(안)

②시접은
가름솔
한다

2.5

1

③접음

④접음

2.4

⑤시접을 두 번
접어 상침한다

♥왼쪽 팬츠도 같은 방법으로 만든다

4.밑위둘레를 봉합한다

①왼쪽 팬츠를 겉으로 뒤집어
오른쪽 팬츠 안으로 집어 넣는다

왼쪽 뒤팬츠
(안)

왼쪽 앞팬츠
(안)

②봉합

③2장의 시접을
지그재그봉합
또는 오버록
통솔처리한다

오른쪽 뒤팬츠
(안)

오른쪽 앞팬츠
(안)

①시접은 오른쪽으로 넘긴다

0.1

②봉합

오른쪽 앞팬츠
(겉)

왼쪽 앞팬츠
(겉)

5.허리를 봉합하고,
고무줄을 통과시킨다

④고무줄 끝을 2cm겹쳐 봉합한다

①허리의 시접을 접는다

4

②봉합

③고무줄을
통과시킨다

왼쪽 뒤팬츠
(안)

왼쪽 옆선

왼쪽 앞팬츠
(안)

4재료		M	L	LL
겉감(코튼 샴브레이)	140cm폭	140cm	150cm	160cm
접착심	112cm폭	60cm	60cm	65cm
고무줄	1.5cm폭	92cm	98cm	108cm
단추	지름1.3cm	1개		
완성 사이즈				
가슴둘레		108cm	114cm	124cm
옷길이		58.5cm	61.5cm	64.5cm

실물크기 패턴

＊ 블라우스 패턴…A면 1패턴을 변형하여 사용한다

· 패턴…앞몸판. 뒷몸판. 칼라
· 칼라에 접착심을 붙인다

패턴 수정 방법

· 블라우스는 응용된 작품이기 때문에 A면 1패턴을 수정하여 사용한다
· 앞·뒤몸판의 식서 방향을 바꿔준다
· 뒷몸판의 옷길이를 밑단 기본선에 맞춰준다
· 앞몸판의 앞중심을 2cm 늘려준다
· 소매길이는 치수에 맞춰 줄여준다

재단 배치도

⬛ = 접착심 붙이는 곳

4패턴

☐ = 1패턴

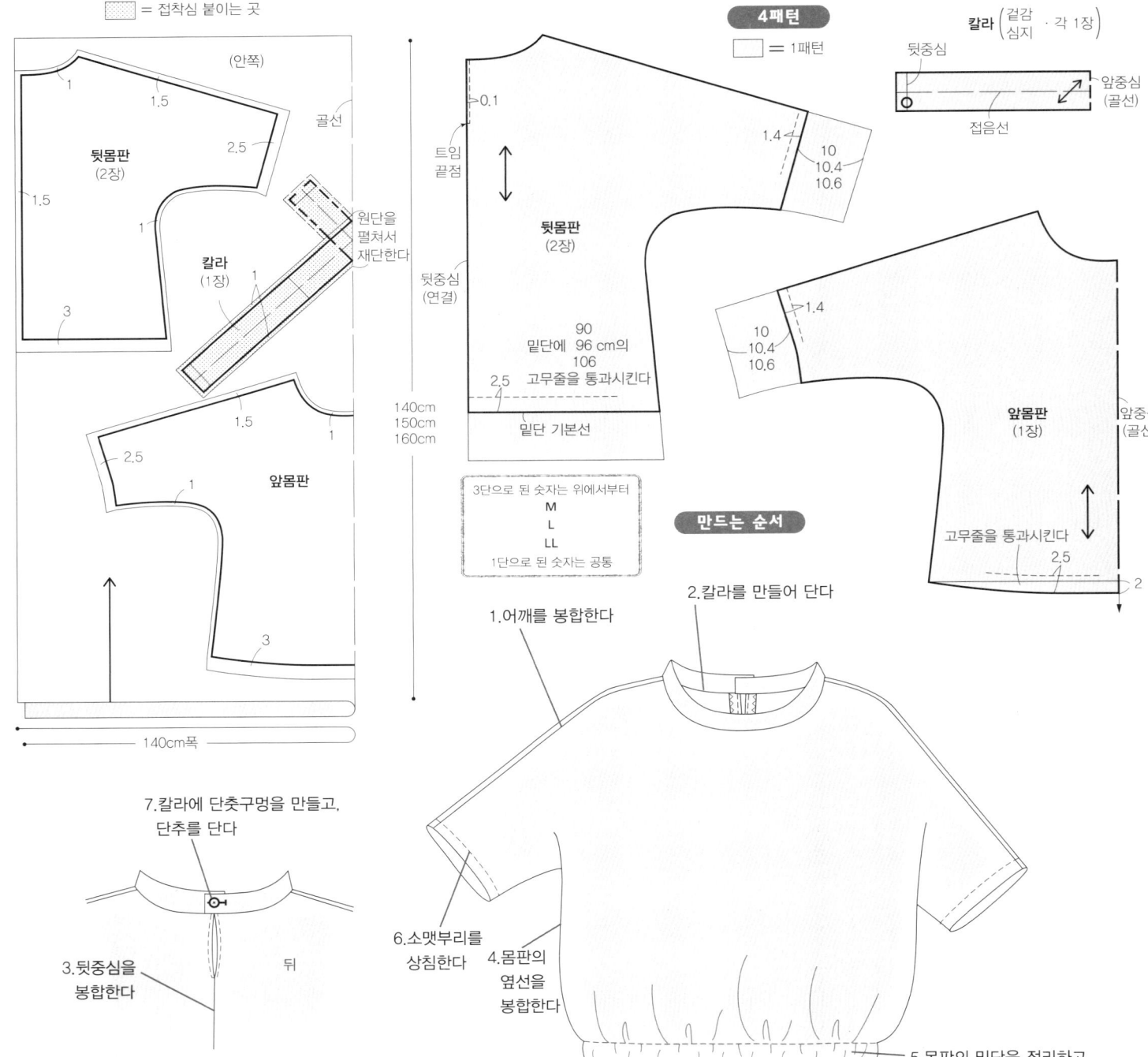

3단으로 된 숫자는 위에서부터
M
L
LL
1단으로 된 숫자는 공통

만드는 순서

1.어깨를 봉합한다
2.칼라를 만들어 단다
7.칼라에 단춧구멍을 만들고, 단추를 단다
3.뒷중심을 봉합한다
뒤
6.소맷부리를 상침한다
4.몸판의 옆선을 봉합한다
5.몸판의 밑단을 정리하고, 고무줄을 통과시킨다

＊ 만드는 방법은 P.36~37의 1, 2, 7, 8 no.1 참고

4 만드는 방법

3. 뒷중심을 봉합한다
4. 몸판의 옆선을 봉합한다

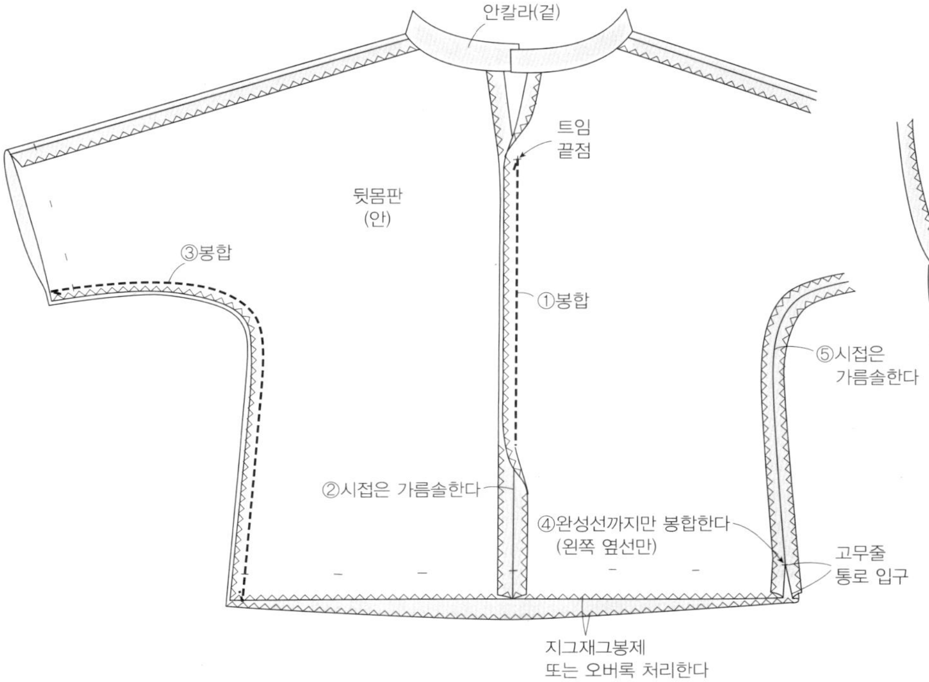

5. 몸판의 밑단을 정리하고,
고무줄을 통과시킨다

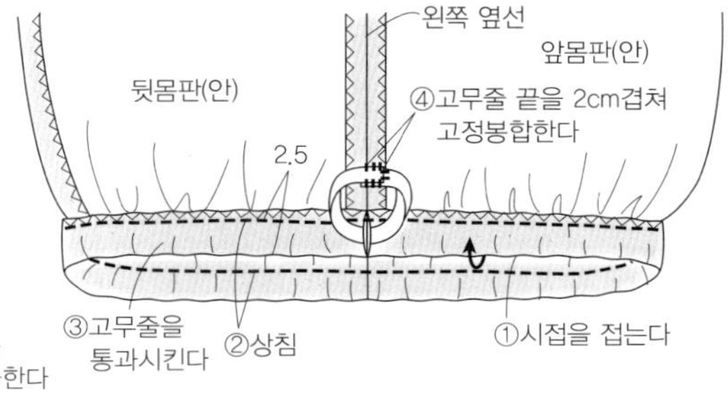

안칼라(겉)

뒷몸판
(안)

③봉합

①봉합

트임
끝점

⑤시접은
가름솔한다

②시접은 가름솔한다

④완성선까지만 봉합한다
(왼쪽 옆선만)

고무줄
통로 입구

지그재그봉제
또는 오버록 처리한다

왼쪽 옆선

뒷몸판(안)

앞몸판(안)

④고무줄 끝을 2cm겹쳐
고정봉합한다

2.5

③고무줄을
통과시킨다

②상침

①시접을 접는다

6 만드는 방법

1. 어깨를 봉합한다

2. 칼라를 만들어 단다

4. 몸판의 옆선을
봉합한다

6. 소맷부리를
정리한다

5. 몸판의 밑단을 상침한다

7. 칼라에 단춧구멍을 만들고, 단추를 단다

3. 뒷중심을
봉합한다

뒤

6재료		M	L	LL
겉감(울비에라)	143cm폭	210cm	230cm	240cm
접착심	112cm폭	60cm	60cm	65cm
단추	지름1.3cm		1개	
완성 사이즈				
가슴둘레		108cm	114cm	124cm
옷길이		98cm	102cm	106cm

실물크기 패턴

＊ 블라우스 패턴… A면 1패턴을 변형하여 사용한다
· 패턴…앞몸판, 뒷몸판, 칼라
· 칼라에 접착심을 붙인다

패턴 수정 방법

· 원피스는 응용된 작품이기 때문에 A면 1패턴을 수정하여 사용한다
· 옷길이를 치수에 맞춰 늘려준다
· 소매길이를 치수에 맞춰 줄여준다

6패턴

☐ = 1패턴

＊ 만드는 방법은 P.35 no.1 참고
＊ 만드는 순서는 P.41 참고

재단 배치도

▨ = 접착심 붙이는 곳

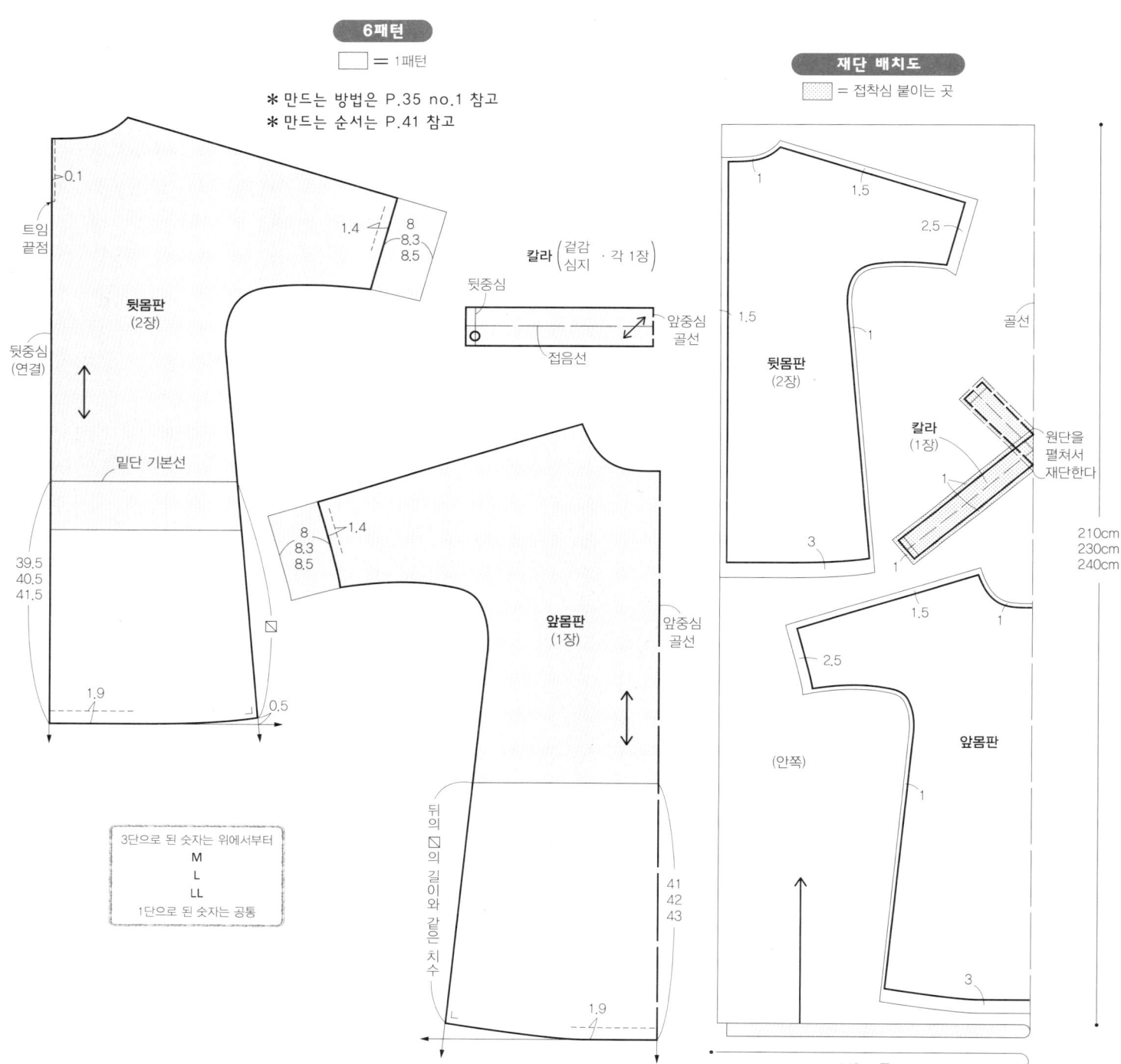

3단으로 된 숫자는 위에서부터
M
L
LL
1단으로 된 숫자는 공통

와이드 팬츠

5·26·32재료		M	L	LL
5겉감(새틴 스트레치)	120cm폭	200cm	220cm	230cm
26겉감(폴리에스테르 개버딘)	140cm폭	180cm	190cm	200cm
32겉감(울 코튼 트윌)	112cm폭	230cm	240cm	250cm
고무줄	3cm폭	72cm	78cm	88cm
완성 사이즈				
엉덩이둘레		101.8cm	107.2cm	116.8cm
팬츠길이		89cm	92.5cm	95cm

실물크기 패턴

※ 팬츠와 주머니천 패턴…팬츠는 B면 5 · 26 · 32패턴을 사용한다
　주머니천은 B면 3 · 24패턴을 사용한다
・패턴…no.5 · 26 · 32:앞 · 뒤팬츠, no.3 · 24:주머니천
・허리밴드 패턴은 아래의 치수를 참고하여 직접 제도하여 사용한다

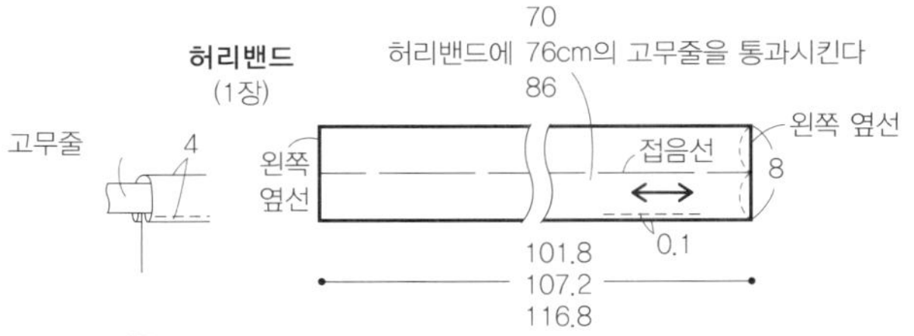

5 · 26 · 32패턴

☐ = 5 · 26 · 32패턴
▨ = 3 · 24패턴

3단으로 된 숫자는 위에서부터
M
L
LL
1단으로 된 숫자는 공통

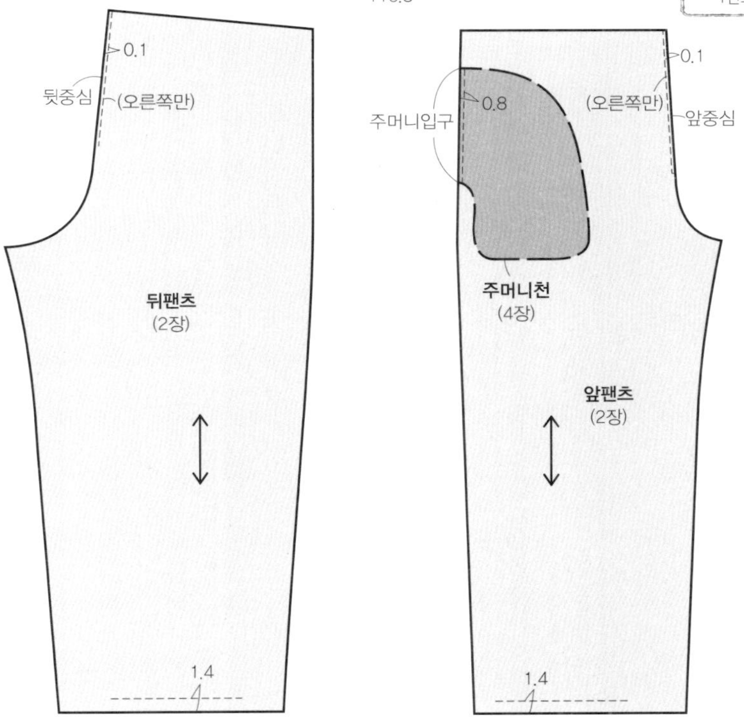

허리밴드
(1장)

고무줄 4

70
허리밴드에 76cm의 고무줄을 통과시킨다
86

왼쪽
옆선
접음선 8
0.1
101.8
107.2
116.8
왼쪽 옆선

뒷중심 (오른쪽만) 0.1
뒤팬츠 (2장) 1.4

주머니입구 0.8
주머니천 (4장)
(오른쪽만) 앞중심 0.1
앞팬츠 (2장) 1.4

26재단 배치도

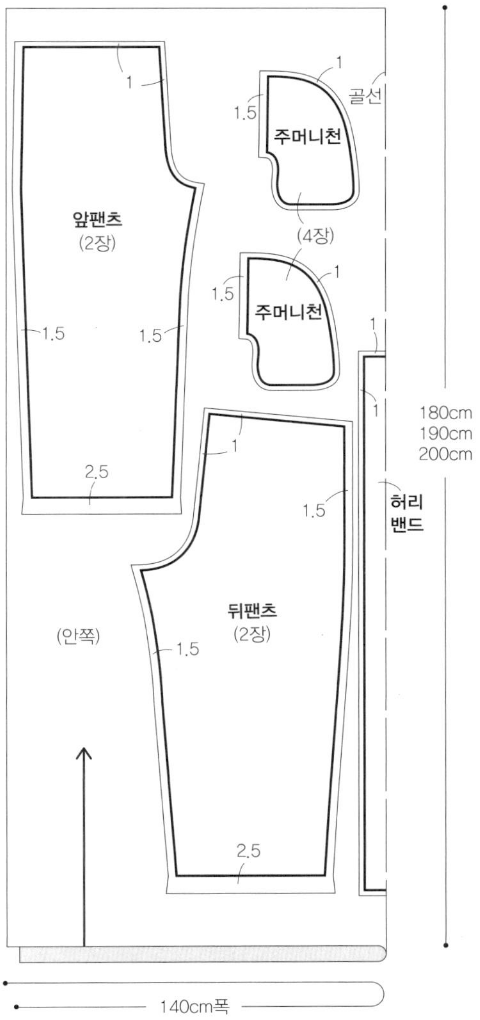

골선 1
앞팬츠 (2장)
1.5
주머니천 (4장) 1.5
1.5
1.5 1.5
주머니천
2.5
(안쪽)
뒤팬츠 (2장) 1.5
1.5
2.5
허리밴드
180cm
190cm
200cm
140cm폭

5재단 배치도

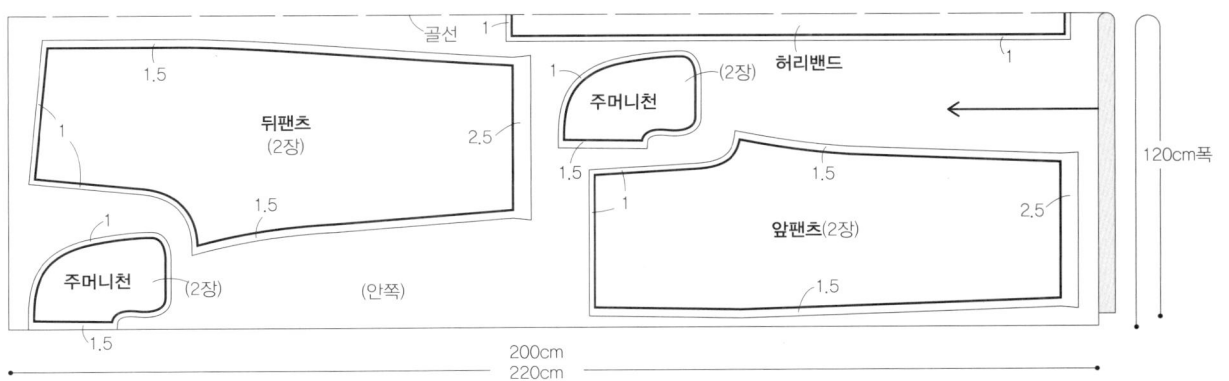

골선 1
1.5
뒤팬츠 (2장) 2.5
1
1.5
주머니천 (2장) 1.5
허리밴드 (2장)
1
1
1.5
앞팬츠(2장) 2.5
주머니천 (2장)
1.5
(안쪽)
1.5
120cm폭
200cm
220cm

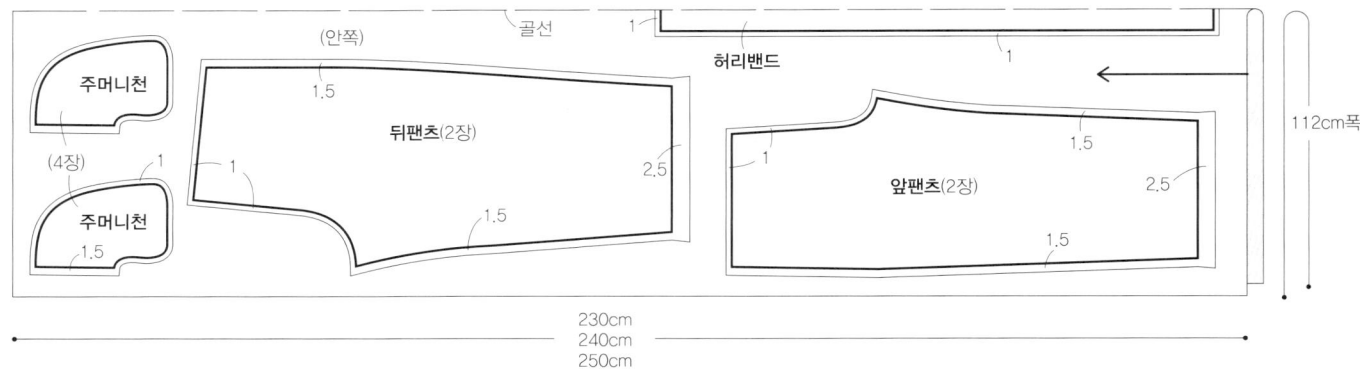

32재단 배치도

골선
1
(안쪽)
허리밴드
1
주머니천
1.5
뒤팬츠(2장)
(4장)
1
1
2.5
1.5
앞팬츠(2장)
1
2.5
112cm폭
주머니천
1.5
1.5
1.5
230cm
240cm
250cm

5 · 26 · 32만드는 방법

✻ 주머니 만드는 방법은 P.39 no.3 · 24의 1 참고

2.밑아래를 봉합한다

3.밑위둘레를 봉합한다

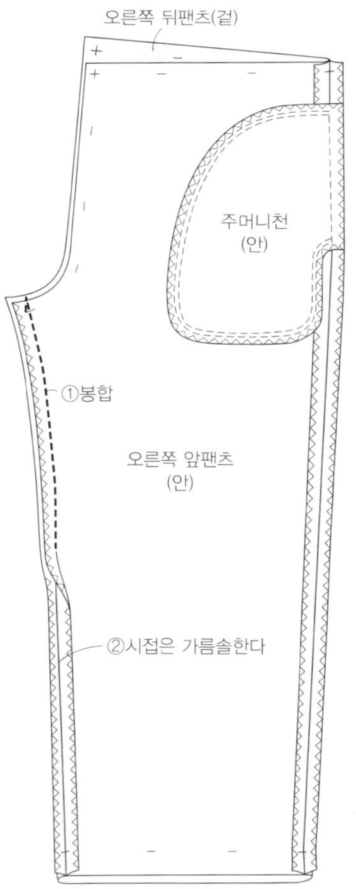

오른쪽 뒤팬츠(겉)
주머니천
(안)
①봉합
오른쪽 앞팬츠
(안)
②시접은 가름솔한다

♥왼쪽 팬츠도 같은 방법으로 만든다

①왼쪽 팬츠를 겉으로 뒤집어
오른쪽 팬츠 안으로 집어 넣는다
③2장의 시접을 함께
지그재그봉합 또는 오버록
통솔처리한다
왼쪽
뒤팬츠
(안)
②봉합
오른쪽 뒤팬츠
(안)
오른쪽 앞팬츠
(안)
①시접은 오른쪽으로 넘긴다
0.1
②상침
오른쪽 앞팬츠
(겉)
왼쪽 앞팬츠
(겉)

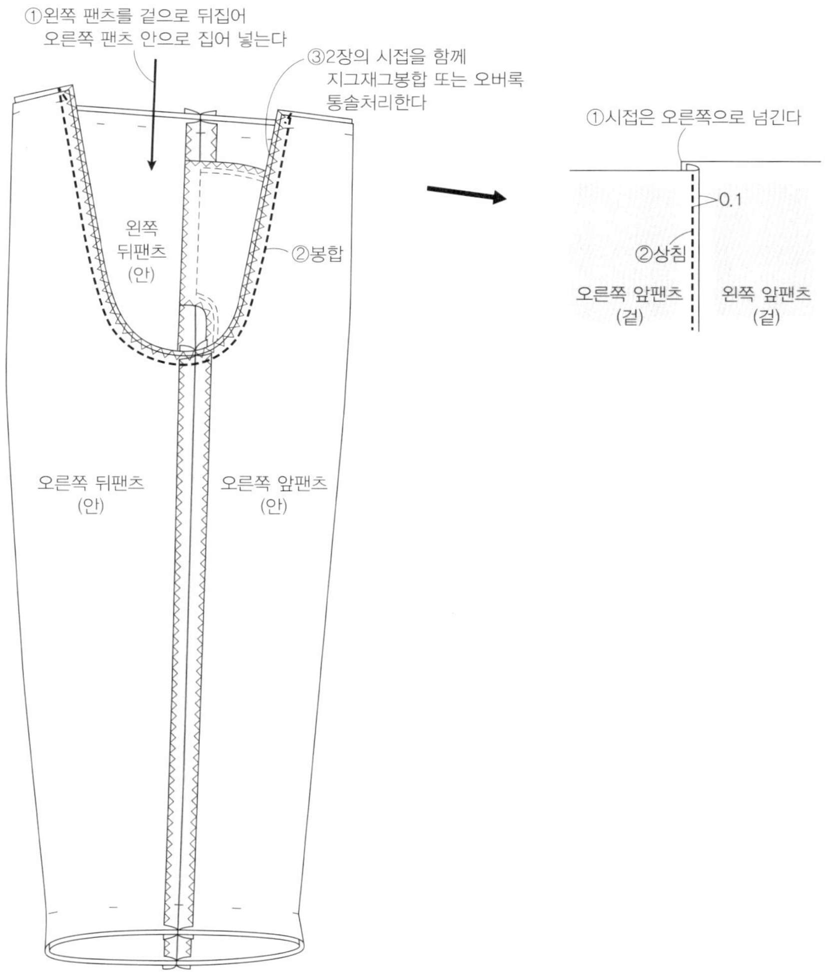

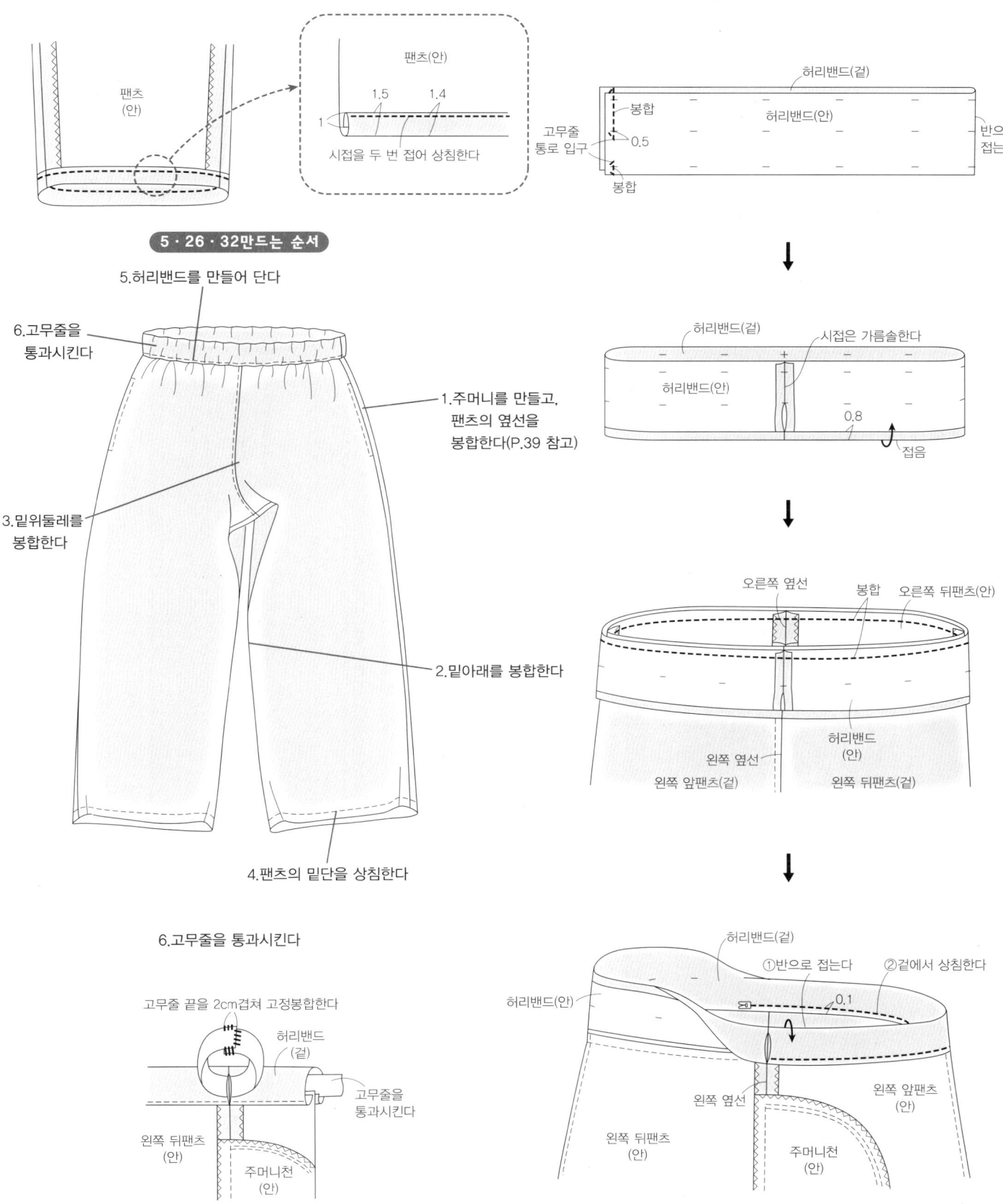

4.팬츠의 밑단을 상침한다

팬츠
(안)

팬츠(안)

1.5   1.4

1

시접을 두 번 접어 상침한다

5.허리밴드를 만들어 단다

허리밴드(겉)

봉합

0.5

허리밴드(안)

고무줄
통로 입구

봉합

반으로
접는다

5 · 26 · 32만드는 순서

5.허리밴드를 만들어 단다

6.고무줄을
통과시킨다

3.밑위둘레를
봉합한다

1.주머니를 만들고,
팬츠의 옆선을
봉합한다(P.39 참고)

2.밑아래를 봉합한다

4.팬츠의 밑단을 상침한다

허리밴드(겉)

시접은 가름솔한다

허리밴드(안)

0.8

접음

오른쪽 옆선   봉합   오른쪽 뒤팬츠(안)

왼쪽 옆선

왼쪽 앞팬츠(겉)

허리밴드
(안)

왼쪽 뒤팬츠(겉)

6.고무줄을 통과시킨다

고무줄 끝을 2cm겹쳐 고정봉합한다

허리밴드
(겉)

고무줄을
통과시킨다

왼쪽 뒤팬츠
(안)

주머니천
(안)

허리밴드(겉)

①반으로 접는다   ②겉에서 상침한다

허리밴드(안)

0.1

왼쪽 옆선

왼쪽 앞팬츠
(안)

왼쪽 뒤팬츠
(안)

주머니천
(안)

8재료		프리 사이즈
겉감(코튼 싱글 다이마루)	150cm폭	90cm
바이어스테이프(양면)	1.2cm폭	약 120cm
완성 사이즈		
뒷중심길이		75cm

실물크기 패턴

∗ 베스트 패턴···소매둘레의 패턴은 P.47에 있습니다

· 몸판 패턴은 아래의 치수를 참고하여 직접 제도하여 사용한다

8만드는 방법

1.소매둘레를 안바이어스 처리한다

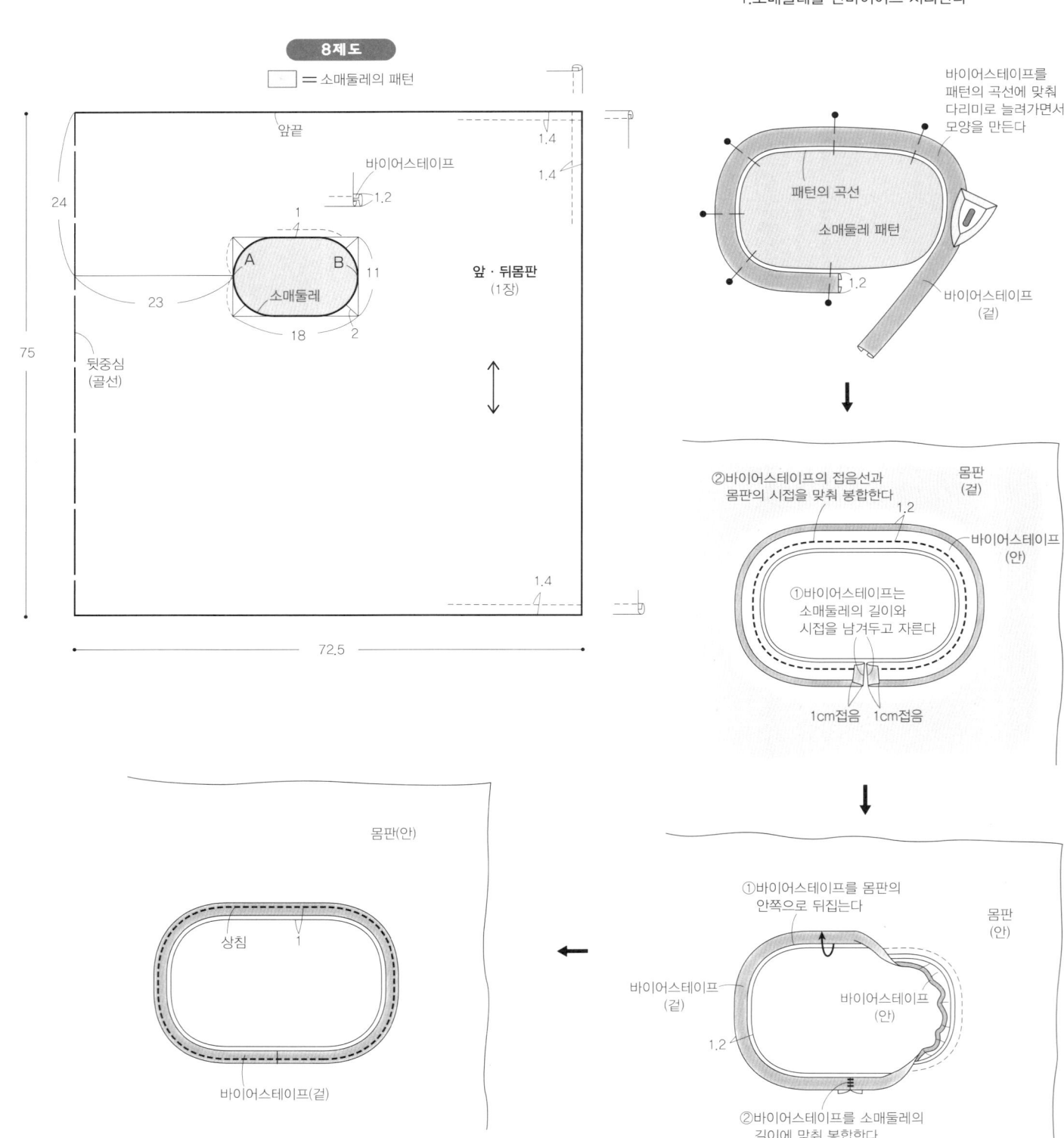

8제도

☐ = 소매둘레의 패턴

앞끝
1.4
1.4
바이어스테이프
1.2
24
1
4
A   B   11
23
소매둘레
18   2
75
뒷중심
(골선)
앞·뒤몸판
(1장)
1.4
72.5

바이어스테이프를
패턴의 곡선에 맞춰
다리미로 늘려가면서
모양을 만든다

패턴의 곡선
소매둘레 패턴
1.2
바이어스테이프
(겉)

②바이어스테이프의 접음선과
몸판의 시접을 맞춰 봉합한다
몸판
(겉)
1.2
바이어스테이프
(안)
①바이어스테이프는
소매둘레의 길이와
시접을 남겨두고 자른다
1cm접음   1cm접음

①바이어스테이프를 몸판의
안쪽으로 뒤집는다
몸판
(안)
바이어스테이프
(겉)
바이어스테이프
(안)
1.2
②바이어스테이프를 소매둘레의
길이에 맞춰 봉합한다

몸판(안)
상침   1
바이어스테이프(겉)

재단 배치도

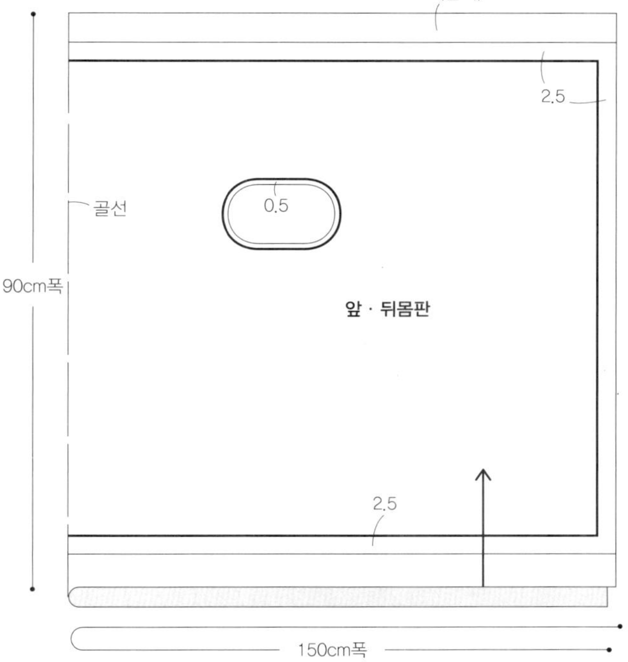

(안쪽)

2.5

골선

90cm폭

0.5

앞 · 뒤몸판

2.5

150cm폭

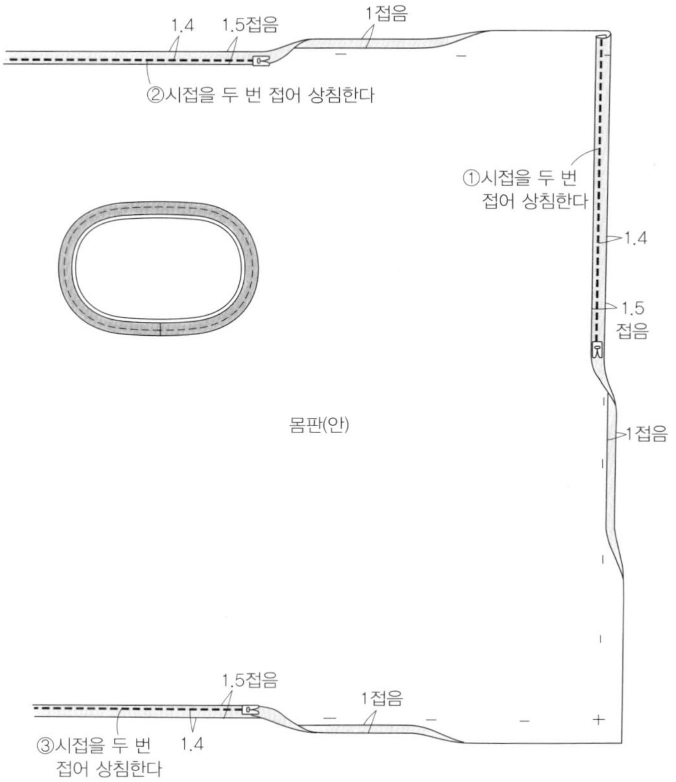

실물크기의 소매둘레 패턴

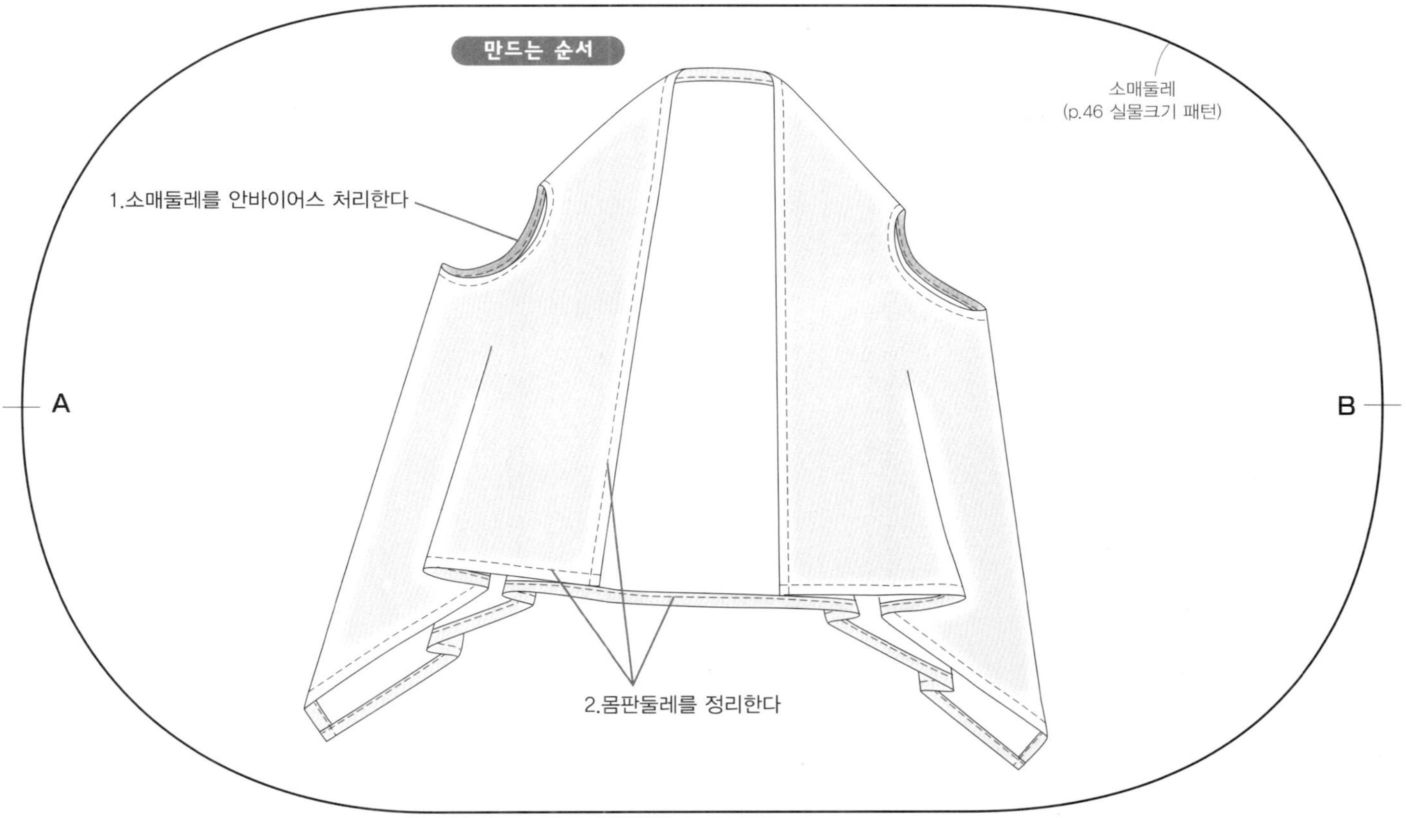

1.4   1.5접음   1접음

②시접을 두 번 접어 상침한다

①시접을 두 번 접어 상침한다

1.4

1.5 접음

1접음

몸판(안)

1.5접음   1접음

③시접을 두 번 접어 상침한다   1.4

만드는 순서

A

B

소매둘레
(p.46 실물크기 패턴)

1.소매둘레를 안바이어스 처리한다

2.몸판둘레를 정리한다

7 · 22 · 28재료		M	L	LL
7(하이게이지 니트 치노)	140cm폭	200cm	220cm	230cm
22(스트레치)	135cm폭	200cm	220cm	230cm
28(깅엄 새틴 스트레치)	124cm폭	200cm	220cm	230cm
고무줄	3cm폭	34cm	37cm	42cm
접착심	60cm폭	20cm		
완성 사이즈				
엉덩이둘레		97.4cm	103.6cm	114.8cm
팬츠길이		96cm	100cm	103cm

실물크기 패턴

＊ 팬츠 패턴…A면 7 · 22 · 28패턴을 사용한다
· 패턴…앞팬츠, 뒤팬츠, 손바닥천, 손등천, 뒷주머니
· 앞 · 뒤 허리밴드 패턴은 아래의 치수를 참고하여 직접 제도하여 사용한다
· 앞허리밴드에 접착심을 붙인다

7 · 22 · 28패턴

= 7 · 22 · 28패턴

3단으로 된 숫자는 위에서부터
M
L
LL
1단으로 된 숫자는 공통

7 · 22 · 28재단 배치도

= 접착심 붙이는 곳

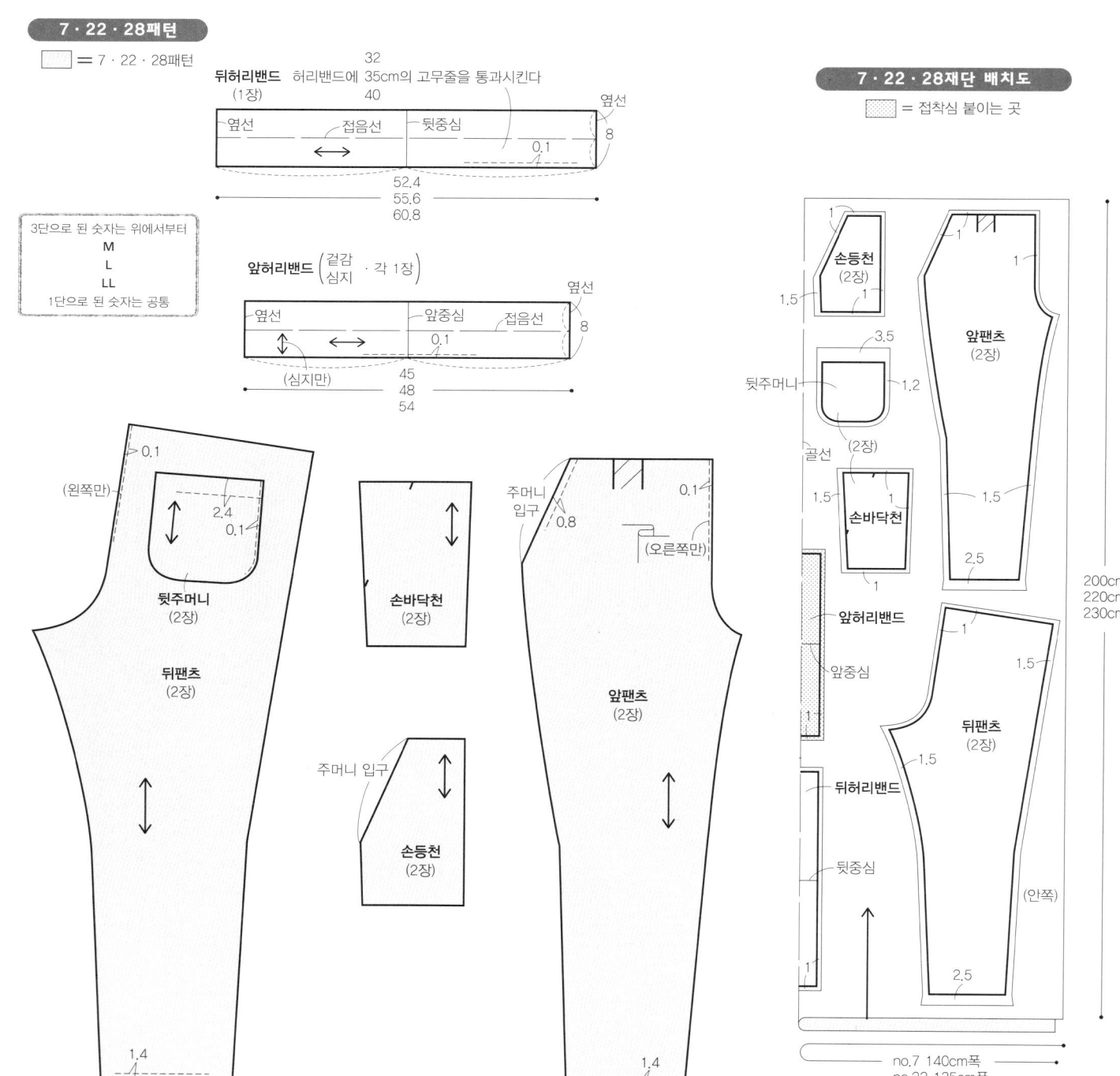

no.7 140cm폭
no.22 135cm폭
no.28 124cm폭

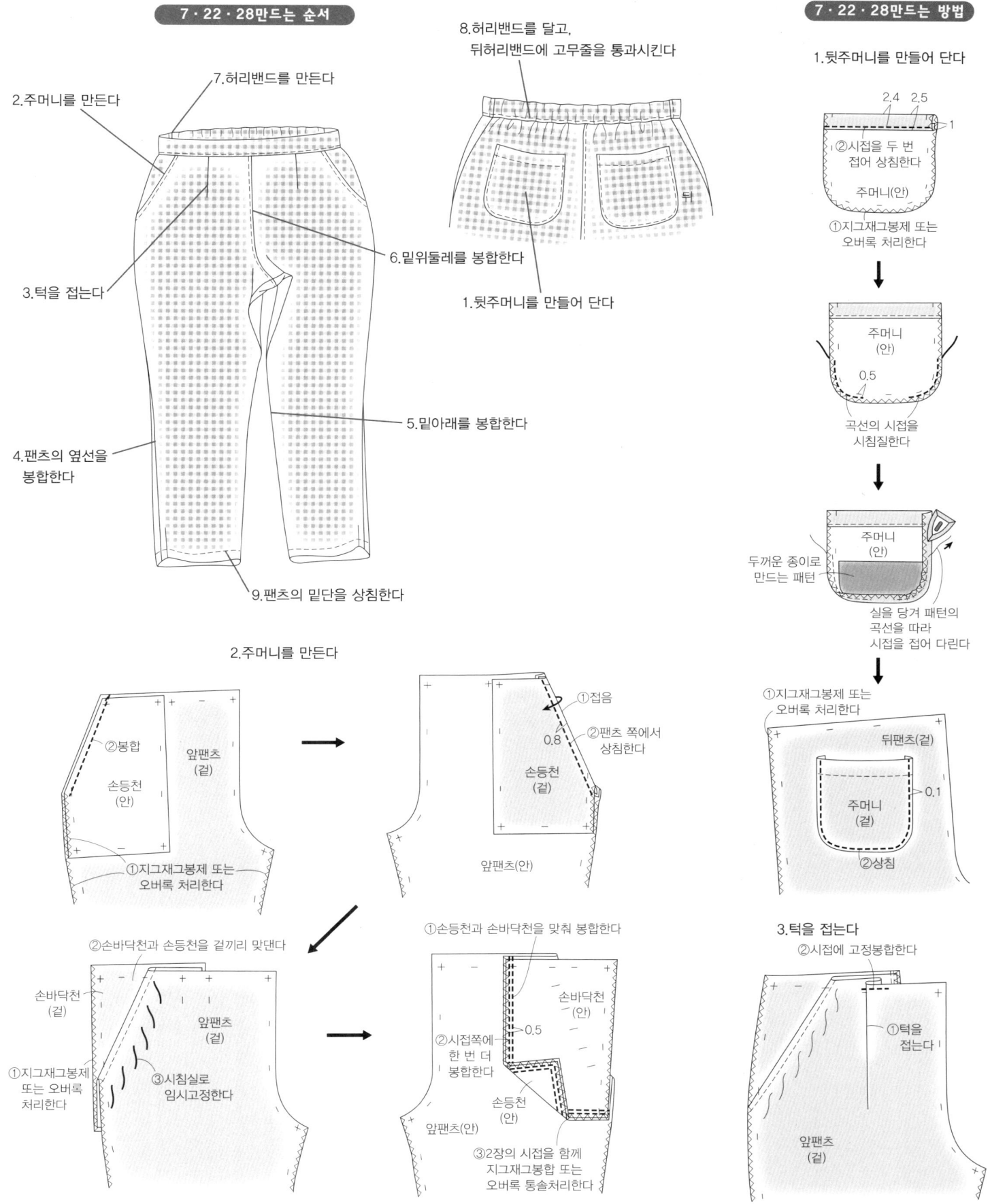

7.허리밴드를 만든다

2.주머니를 만든다

8.허리밴드를 달고,
뒤허리밴드에 고무줄을 통과시킨다

3.턱을 접는다

6.밑위둘레를 봉합한다

1.뒷주머니를 만들어 단다

4.팬츠의 옆선을
봉합한다

5.밑아래를 봉합한다

9.팬츠의 밑단을 상침한다

2.주머니를 만든다

①지그재그봉제 또는
오버록 처리한다

②봉합

손등천
(안)

앞팬츠
(겉)

①접음

0.8

②팬츠 쪽에서
상침한다

손등천
(겉)

앞팬츠(안)

②손바닥천과 손등천을 겉끼리 맞댄다

손바닥천
(겉)

①지그재그봉제
또는 오버록
처리한다

앞팬츠
(겉)

③시침실로
임시고정한다

①손등천과 손바닥천을 맞춰 봉합한다

손바닥천
(안)

②시접쪽에
한 번 더
봉합한다

0.5

손등천
(안)

앞팬츠(안)

③2장의 시접을 함께
지그재그봉합 또는
오버록 통솔처리한다

1.뒷주머니를 만들어 단다

2.4 2.5

1

②시접을 두 번
접어 상침한다

주머니(안)

①지그재그봉제 또는
오버록 처리한다

주머니
(안)

0.5

곡선의 시접을
시침질한다

주머니
(안)

두꺼운 종이로
만드는 패턴

실을 당겨 패턴의
곡선을 따라
시접을 접어 다린다

①지그재그봉제 또는
오버록 처리한다

뒤팬츠(겉)

주머니
(겉)

0.1

②상침

3.턱을 접는다

②시접에 고정봉합한다

①턱을
접는다

앞팬츠
(겉)

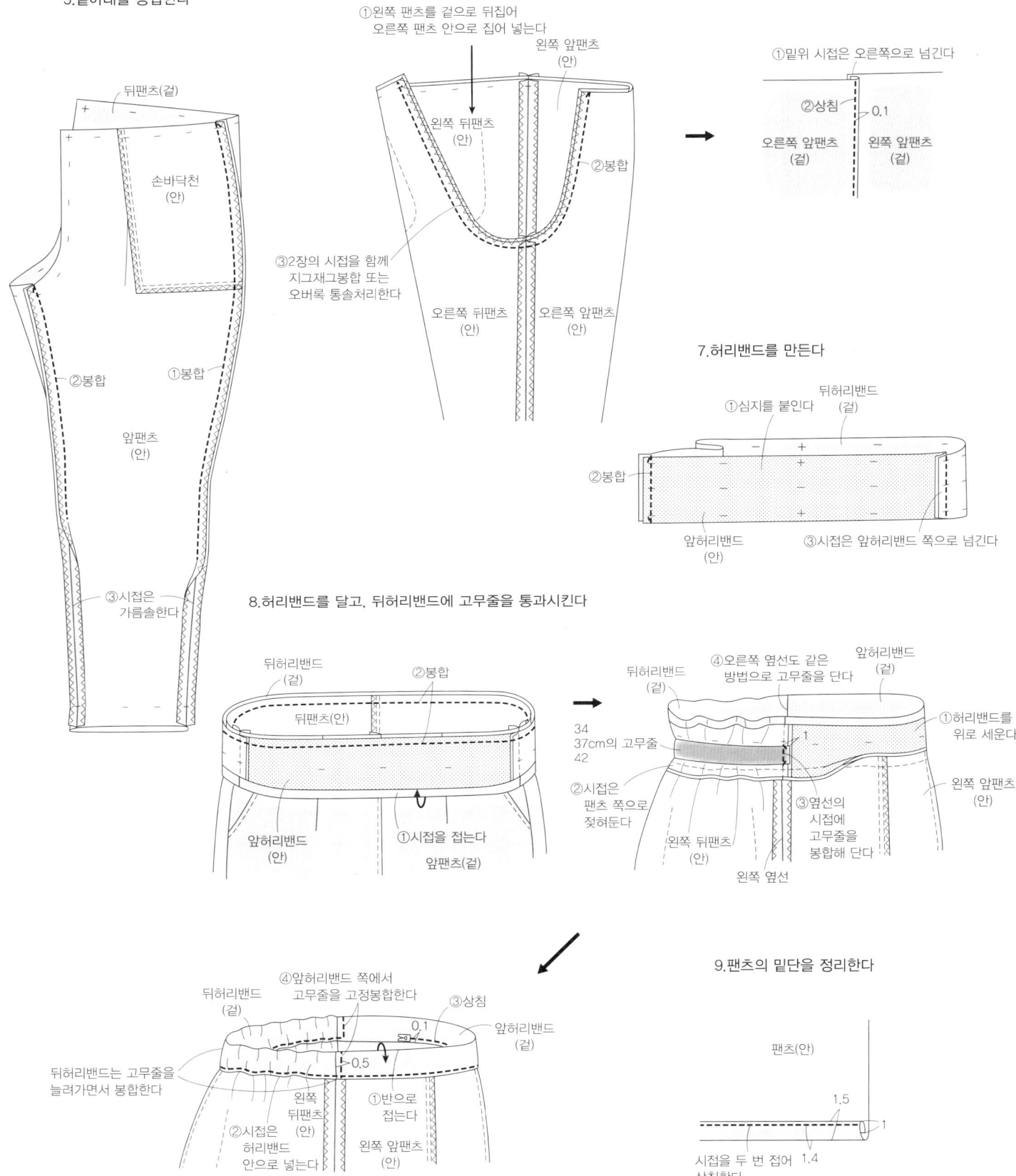

4.팬츠의 옆선을 봉합한다
5.밑아래를 봉합한다

6.밑위둘레를 봉합한다

①왼쪽 팬츠를 겉으로 뒤집어
오른쪽 팬츠 안으로 집어 넣는다

왼쪽 앞팬츠
(안)

왼쪽 뒤팬츠
(안)

②봉합

③2장의 시접을 함께
지그재그봉합 또는
오버록 통솔처리한다

오른쪽 뒤팬츠
(안)

오른쪽 앞팬츠
(안)

①밑위 시접은 오른쪽으로 넘긴다

②상침   0.1

오른쪽 앞팬츠
(겉)

왼쪽 앞팬츠
(겉)

뒤팬츠(겉)

손바닥천
(안)

②봉합

①봉합

앞팬츠
(안)

③시접은
가름솔한다

7.허리밴드를 만든다

①심지를 붙인다

뒤허리밴드
(겉)

②봉합

앞허리밴드
(안)

③시접은 앞허리밴드 쪽으로 넘긴다

8.허리밴드를 달고, 뒤허리밴드에 고무줄을 통과시킨다

뒤허리밴드
(겉)

②봉합

뒤팬츠(안)

앞허리밴드
(안)

①시접을 접는다

앞팬츠(겉)

④오른쪽 옆선도 같은
방법으로 고무줄을 단다

뒤허리밴드
(겉)

34
37cm의 고무줄
42

②시접은
팬츠 쪽으로
젖혀둔다

왼쪽 뒤팬츠
(안)

왼쪽 옆선

앞허리밴드
(겉)

①허리밴드를
위로 세운다

왼쪽 앞팬츠
(안)

③옆선의
시접에
고무줄을
봉합해 단다

④앞허리밴드 쪽에서
고무줄을 고정봉합한다

③상침

0.1

뒤허리밴드
(겉)

앞허리밴드
(겉)

뒤허리밴드는 고무줄을
늘려가면서 봉합한다

0.5

왼쪽
뒤팬츠
(안)

②시접은
허리밴드
안으로 넣는다

왼쪽 앞팬츠
(안)

①반으로
접는다

9.팬츠의 밑단을 정리한다

팬츠(안)

1.5

1

시접을 두 번 접어
상침한다

1.4

보트넥 블라우스
턱 스커트

실물크기 패턴

* 블라우스 패턴…A면 9패턴을 사용한다
· 블라우스 패턴…앞몸판, 뒷몸판, 소매, 앞안단, 뒤안단, 리본,
  리본 고리감과 끈고리의 패턴은 원단에 직접 그려 재단한다
· 앞 · 뒤안단에 접착심을 붙인다

* 스커트 패턴…B면 16패턴을 변형하여 사용한다
· 패턴…앞 · 뒤스커트
· 허리밴드 패턴은 아래의 치수를 참고하여 직접 제도하여 사용한다

10패턴 수정 방법

· 스커트는 응용된 작품이기 때문에 B면 16패턴을 수정하여 사용한다
· 스커트길이는 치수에 맞춰 늘려준다

9·10재료			M	L	LL
겉감(코튼 타이프라이터)	110cm폭		390cm	400cm	430cm
접착심	112cm폭		20cm	20cm	25cm
고무줄	3.5cm폭		72cm	78cm	88cm
단추	지름1cm			1개	
완성 사이즈					
가슴둘레			116cm	122cm	132cm
옷길이			55.5cm	58.5cm	61.5cm
엉덩이둘레			100cm	106cm	116cm
스커트길이			82.5cm	85.5cm	88.5cm

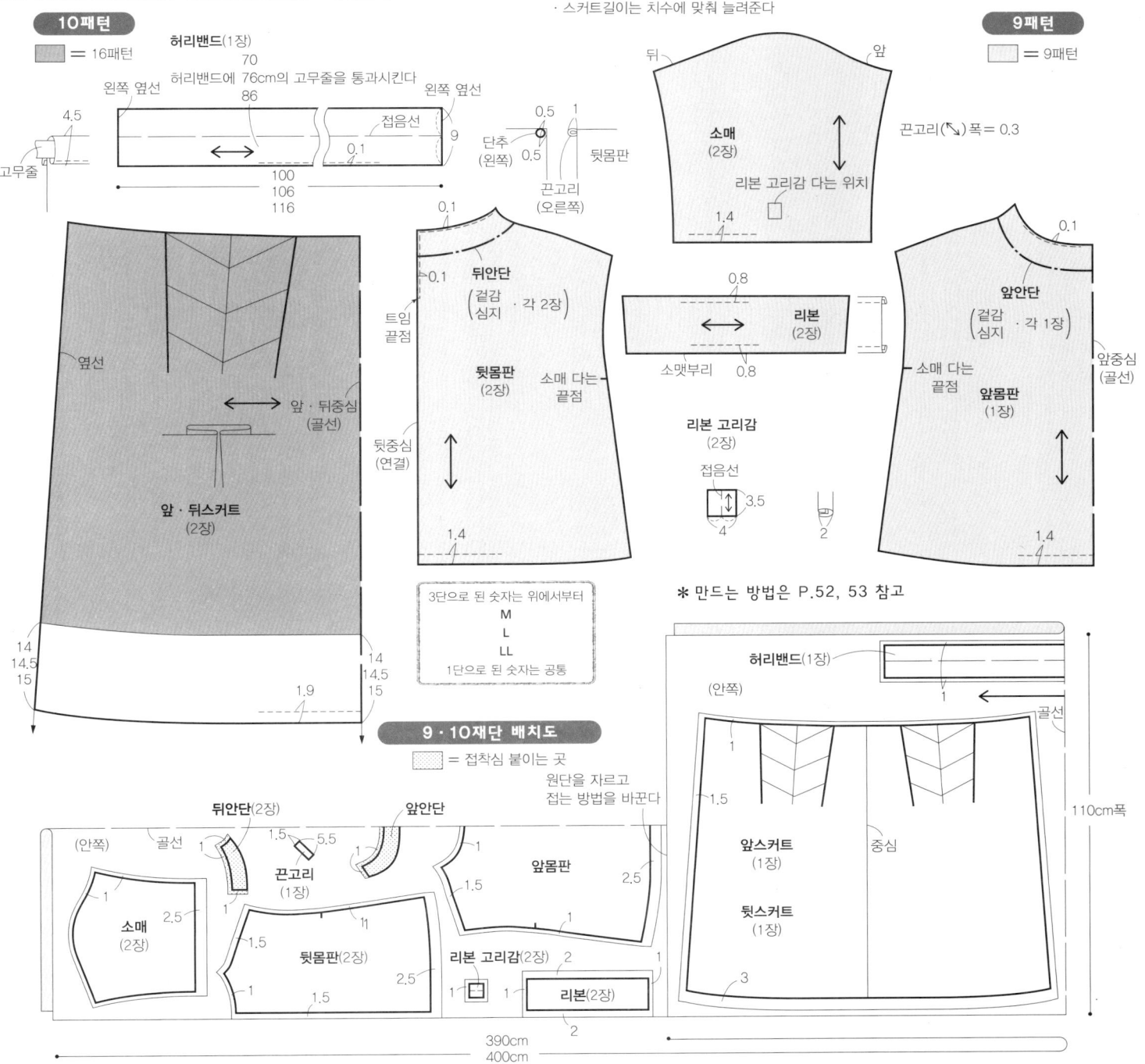

10패턴 = 16패턴

허리밴드(1장)
허리밴드에 76cm의 고무줄을 통과시킨다

9패턴 = 9패턴

3단으로 된 숫자는 위에서부터
M
L
LL
1단으로 된 숫자는 공통

* 만드는 방법은 P.52, 53 참고

9·10재단 배치도
= 접착심 붙이는 곳

원단을 자르고
접는 방법을 바꾼다

110cm폭

390cm
400cm
430cm

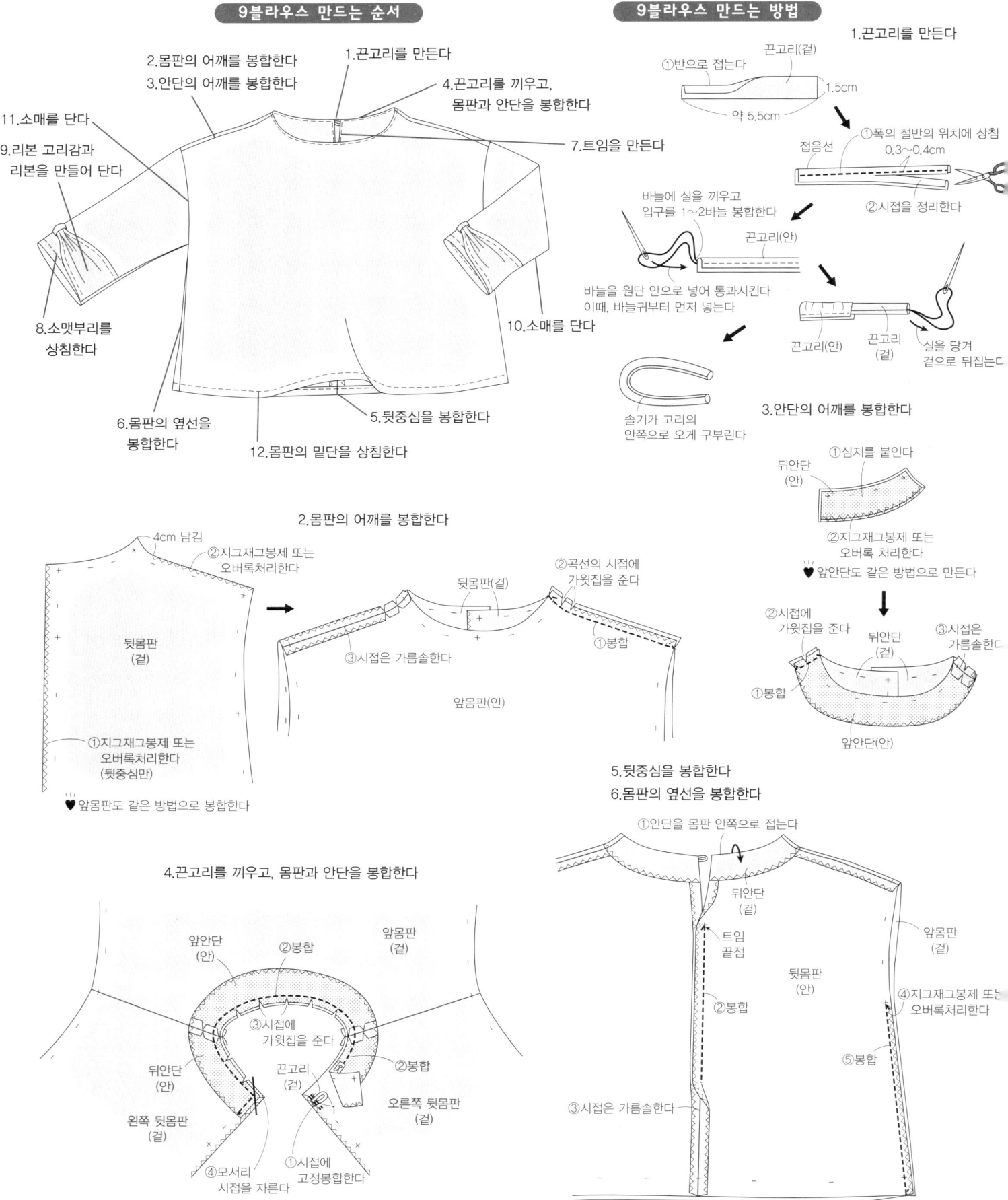

9블라우스 만드는 순서

1.끈고리를 만든다
2.몸판의 어깨를 봉합한다
3.안단의 어깨를 봉합한다
4.끈고리를 끼우고, 몸판과 안단을 봉합한다
7.트임을 만든다
11.소매를 단다
9.리본 고리감과 리본을 만들어 단다
8.소맷부리를 상침한다
10.소매를 단다
6.몸판의 옆선을 봉합한다
5.뒷중심을 봉합한다
12.몸판의 밑단을 상침한다

9블라우스 만드는 방법

1.끈고리를 만든다

①반으로 접는다
끈고리(겉)
1.5cm
접음선
약 5.5cm

①폭의 절반의 위치에 상침
0.3~0.4cm
②시접을 정리한다

바늘에 실을 끼우고 입구를 1~2바늘 봉합한다
끈고리(안)
바늘을 원단 안으로 넣어 통과시킨다 이때, 바늘귀부터 먼저 넣는다

끈고리(안)
끈고리(안) 끈고리(겉)
실을 당겨 겉으로 뒤집는다

솔기가 고리의 안쪽으로 오게 구부린다

2.몸판의 어깨를 봉합한다

4cm 남김
②지그재그봉제 또는 오버록처리한다
뒷몸판(겉)
①지그재그봉제 또는 오버록처리한다 (뒷중심만)

뒷몸판(겉)
②곡선의 시접에 가윗집을 준다
③시접은 가름솔한다
①봉합
앞몸판(안)

♥앞몸판도 같은 방법으로 봉합한다

3.안단의 어깨를 봉합한다

①심지를 붙인다
뒤안단(안)
②지그재그봉제 또는 오버록 처리한다
♥앞안단도 같은 방법으로 만든다

②시접에 가윗집을 준다
뒤안단(겉)
③시접은 가름솔한다
①봉합
앞안단(안)

4.끈고리를 끼우고, 몸판과 안단을 봉합한다

앞안단(안)
②봉합
앞몸판(겉)
③시접에 가윗집을 준다
②봉합
뒤안단(안)
끈고리(겉)
오른쪽 뒷몸판(겉)
왼쪽 뒷몸판(겉)
①시접에 고정봉합한다
④모서리 시접을 자른다

5.뒷중심을 봉합한다
6.몸판의 옆선을 봉합한다

①안단을 몸판 안쪽으로 접는다
뒤안단(겉)
트임 끝점
②봉합
뒷몸판(안)
앞몸판(겉)
④지그재그봉제 또는 오버록처리한다
⑤봉합
③시접은 가름솔한다

52

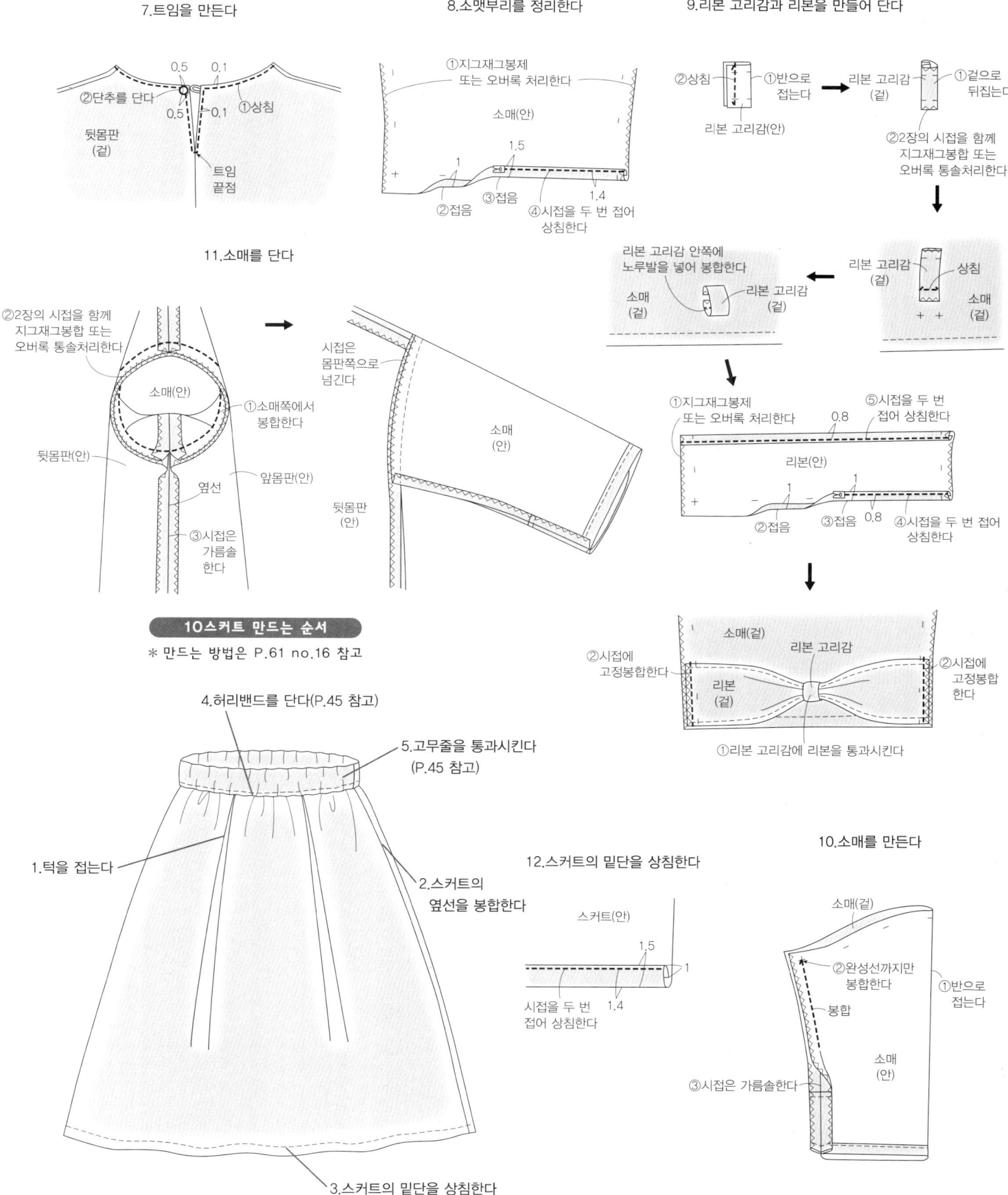

7.트임을 만든다

②단추를 단다
①상침
0.5 0.1
0.5 0.1
뒷몸판(겉)
트임 끝점

8.소맷부리를 정리한다

①지그재그봉제 또는 오버록 처리한다
소매(안)
1.5
1
1.4
②접음
③접음
④시접을 두 번 접어 상침한다

9.리본 고리감과 리본을 만들어 단다

②상침
①반으로 접는다
리본 고리감(안)
리본 고리감(겉)
①겉으로 뒤집는다
②2장의 시접을 함께 지그재그봉합 또는 오버록 통솔처리한다

리본 고리감 안쪽에 노루발을 넣어 봉합한다
소매(겉)
리본 고리감(겉)
리본 고리감(겉)
상침
소매(겉)

①지그재그봉제 또는 오버록 처리한다
0.8
⑤시접을 두 번 접어 상침한다
리본(안)
1
②접음
③접음
0.8
④시접을 두 번 접어 상침한다

②시접에 고정봉합한다
소매(겉)
리본 고리감
②시접에 고정봉합한다
리본(겉)
①리본 고리감에 리본을 통과시킨다

11.소매를 단다

②2장의 시접을 함께 지그재그봉합 또는 오버록 통솔처리한다
소매(안)
①소매쪽에서 봉합한다
뒷몸판(안)
옆선
앞몸판(안)
③시접은 가름솔 한다

시접은 몸판쪽으로 넘긴다
소매(안)
뒷몸판(안)

10스커트 만드는 순서

* 만드는 방법은 P.61 no.16 참고

4.허리밴드를 단다(P.45 참고)
5.고무줄을 통과시킨다 (P.45 참고)
1.턱을 접는다
2.스커트의 옆선을 봉합한다
3.스커트의 밑단을 상침한다

12.스커트의 밑단을 상침한다

스커트(안)
1.5
1
시접을 두 번 접어 상침한다
1.4

10.소매를 만든다

소매(겉)
②완성선까지만 봉합한다
①반으로 접는다
봉합
소매(안)
③시접은 가름솔한다

보트넥 원피스 스누드

11·12재료		M	L	LL
겉감(폴리에스테르/레이온 펀치 니트)	162cm폭	230cm	260cm	290cm
접착심	112cm폭	20cm	20cm	25cm
단추	지름1cm		1개	
완성 사이즈				
가슴둘레		116cm	122cm	132cm
옷길이		98.5cm	103cm	107.5cm

실물크기 패턴

＊ 원피스 패턴…A면 9패턴을 변형하여 사용한다
· 패턴…앞몸판, 뒷몸판, 소매, 앞안단, 뒤안단
· 리본 패턴은 사용하지 않는다
· 끈고리 패턴은 원단에 직접 그려 재단한다
· 앞·뒤안단에 접착심을 붙인다

＊ 스누드 패턴은 아래의 치수를 참고하여 직접 제도하여 사용한다

11패턴 수정 방법

· 원피스는 응용된 작품이기 때문에 A면 9패턴을 수정하여 사용한다
· 옷길이는 치수에 맞춰 늘려준다

11패턴

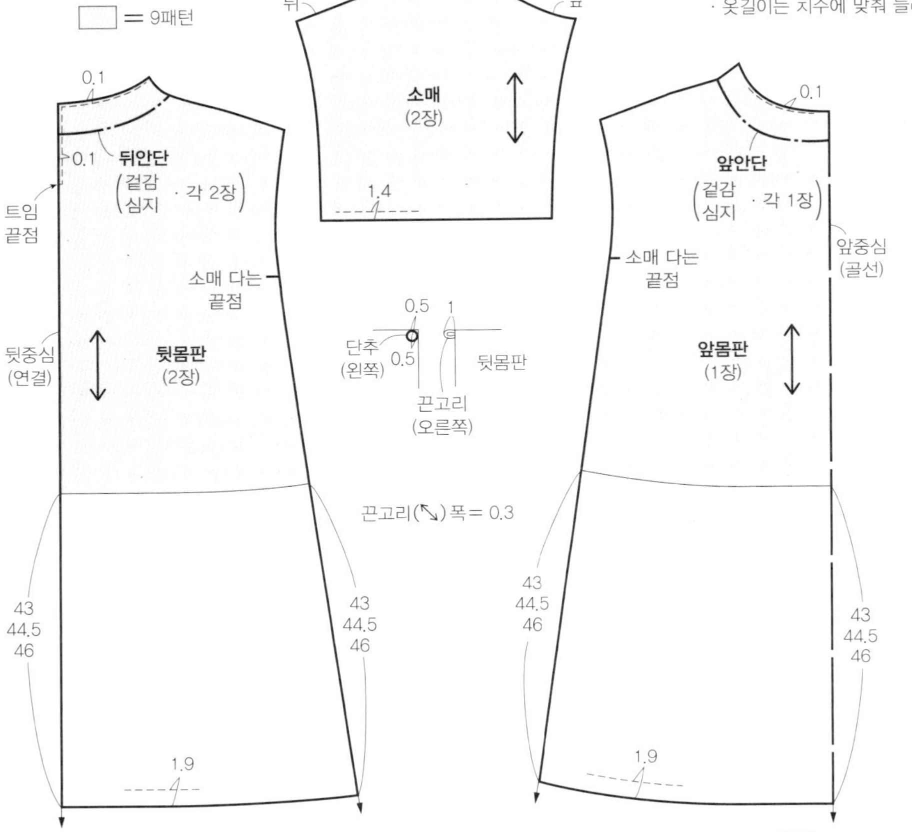

☐ = 9패턴

뒤 / 앞

소매 (2장)

1.4

0.1

뒤안단
(겉감
심지 · 각 2장)

트임
끝점

0.1

뒷중심
(연결)

뒷몸판
(2장)

소매 다는
끝점

0.5 1
단추
(왼쪽) 0.5 뒷몸판
끈고리
(오른쪽)

끈고리(↘)폭 = 0.3

0.1

앞안단
(겉감
심지 · 각 1장)

소매 다는
끝점

앞중심
(골선)

앞몸판
(1장)

43
44.5
46

43
44.5
46

43
44.5
46

43
44.5
46

1.9

1.9

12제도

스누드
(1장)

접음선

56

75

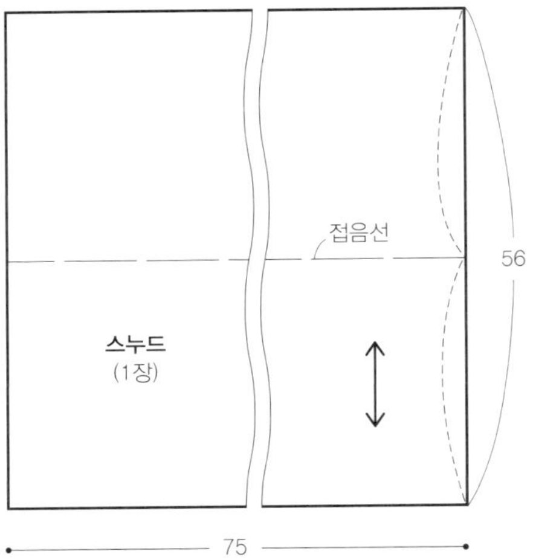

3단으로 된 숫자는 위에서부터
M
L
LL
1단으로 된 숫자는 공통

11·12재단 배치도

☐ = 접착심 붙이는 곳

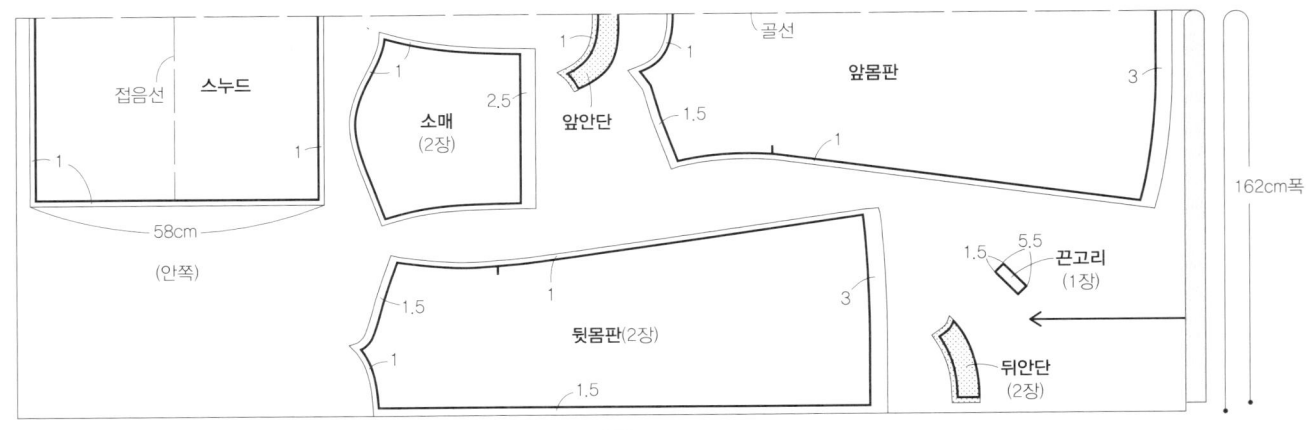

접음선 스누드

(안쪽)

58cm

1

1

소매
(2장)

2.5

1

앞안단

골선

1.5

앞몸판

3

1.5

1

1.5

뒷몸판(2장)

1

1

1.5

3

1.5 5.5
끈고리
(1장)

뒤안단
(2장)

162cm폭

230cm
260cm
290cm

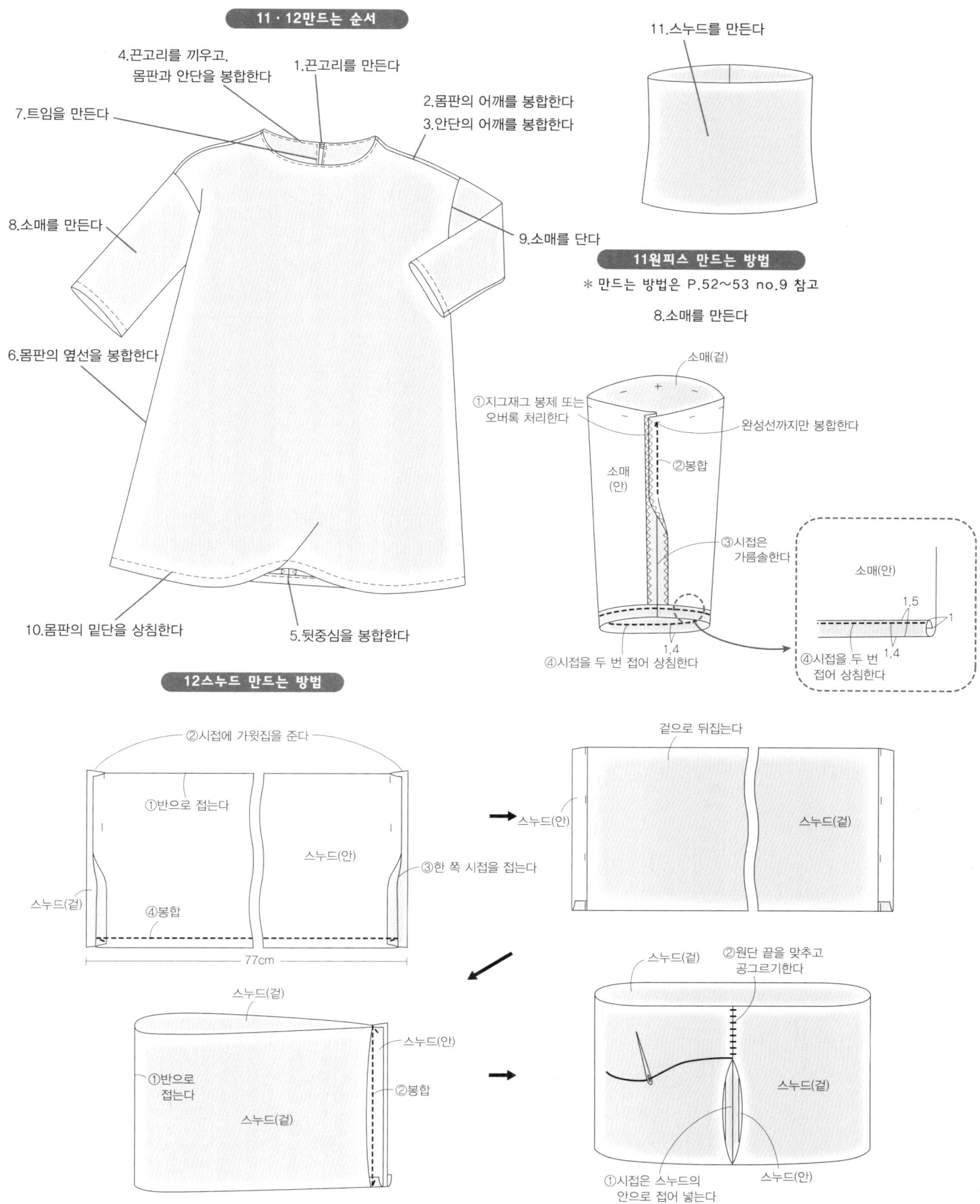

11·12만드는 순서

4.끈고리를 끼우고, 몸판과 안단을 봉합한다

1.끈고리를 만든다

2.몸판의 어깨를 봉합한다

3.안단의 어깨를 봉합한다

7.트임을 만든다

8.소매를 만든다

9.소매를 단다

6.몸판의 옆선을 봉합한다

10.몸판의 밑단을 상침한다

5.뒷중심을 봉합한다

11.스누드를 만든다

11원피스 만드는 방법

＊만드는 방법은 P.52~53 no.9 참고

8.소매를 만든다

소매(겉)

①지그재그 봉제 또는 오버록 처리한다

완성선까지만 봉합한다

소매(안)

②봉합

③시접은 가름솔한다

④시접을 두 번 접어 상침한다

1.4

소매(안)

1.5

1.4

1

④시접을 두 번 접어 상침한다

12스누드 만드는 방법

②시접에 가윗집을 준다

①반으로 접는다

스누드(안)

③한 쪽 시접을 접는다

스누드(겉)

④봉합

77cm

겉으로 뒤집는다

스누드(안)

스누드(겉)

스누드(겉)

①반으로 접는다

스누드(안)

②봉합

스누드(겉)

스누드(겉)

②원단 끝을 맞추고 공그르기한다

스누드(겉)

①시접은 스누드의 안으로 접어 넣는다

스누드(안)

13재료		M	L	LL
겉감(누빔풍 선염)	108cm폭	260cm	280cm	290cm
접착심	112cm폭	20cm	20cm	25cm
단추	지름1cm		1개	
완성 사이즈				
가슴둘레		116cm	122cm	132cm
옷길이		116.5cm	121.5cm	126.5cm

실물크기 패턴

＊ 원피스 패턴…A면 9패턴을 변형하여 사용한다

· 패턴…앞몸판, 뒷몸판, 앞안단, 뒤안단
· 소매와 리본 패턴은 사용하지 않는다
· 끈고리 패턴은 원단에 직접 그려 재단한다
· 앞·뒤안단에 심지를 붙인다

패턴 수정 방법

· 원피스는 응용된 작품이기 때문에 A면 9패턴을 수정하여 사용한다
· 옷길이는 치수에 맞춰 늘려준다
· 소매 다는 끝점과 봉합 끝점을 동일하게 사용한다

13패턴

□ = 9패턴

13재단 배치도

▨ = 접착심 붙이는 곳

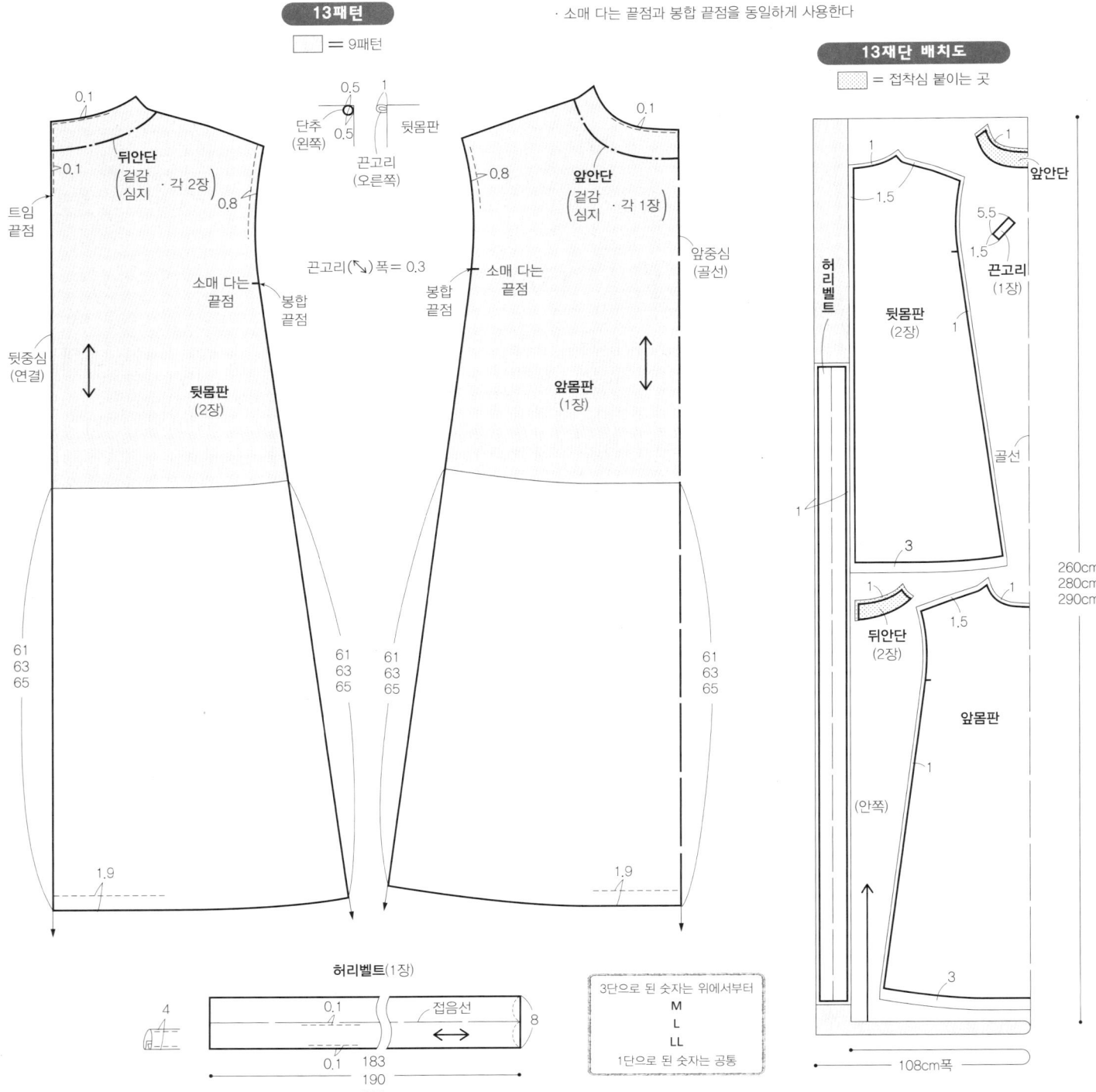

허리벨트(1장)

```
3단으로 된 숫자는 위에서부터
        M
        L
        LL
1단으로 된 숫자는 공통
```

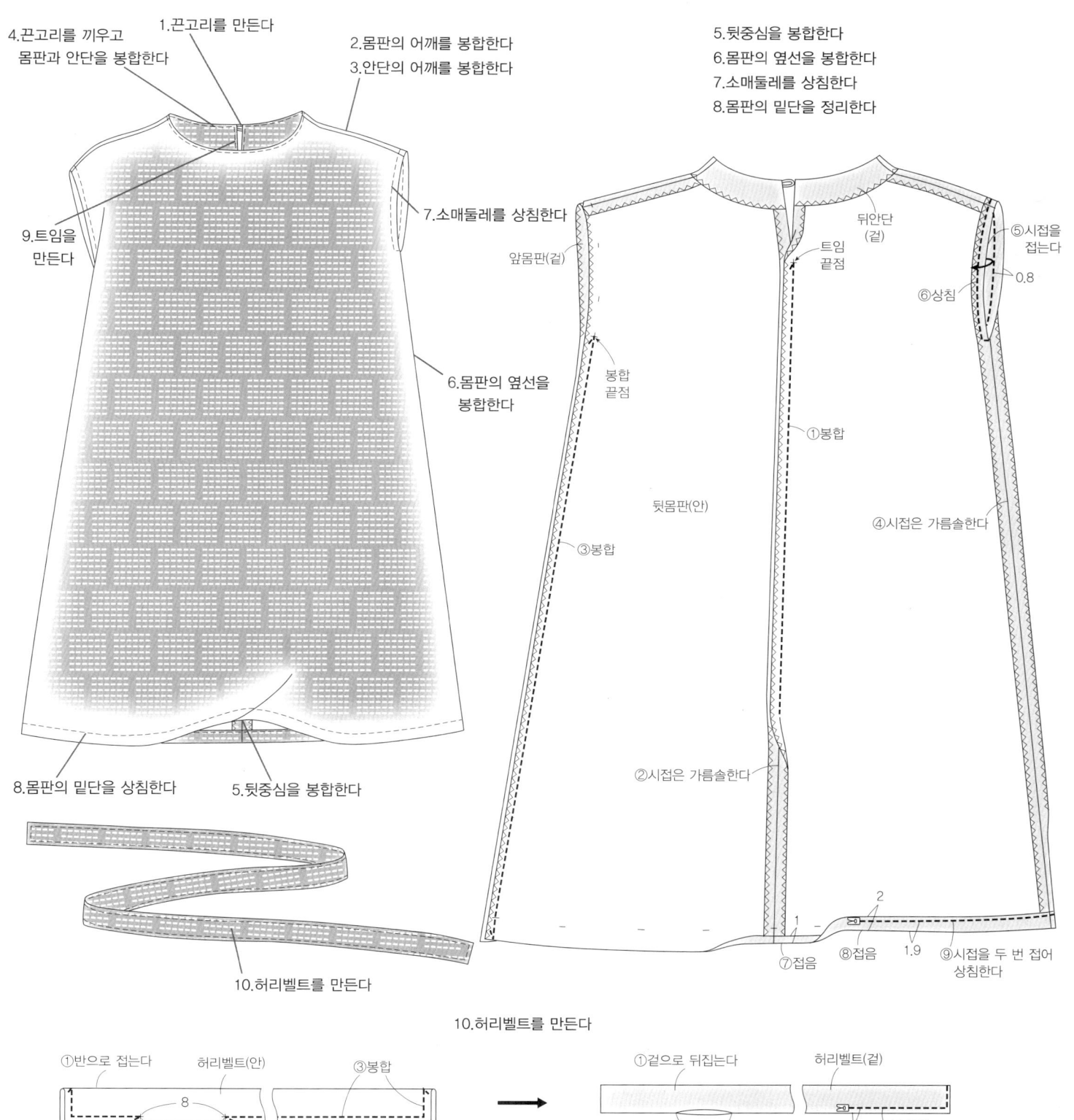

4.끈고리를 끼우고
몸판과 안단을 봉합한다

1.끈고리를 만든다

2.몸판의 어깨를 봉합한다
3.안단의 어깨를 봉합한다

5.뒷중심을 봉합한다
6.몸판의 옆선을 봉합한다
7.소매둘레를 상침한다
8.몸판의 밑단을 정리한다

9.트임을
만든다

7.소매둘레를 상침한다

6.몸판의 옆선을
봉합한다

앞몸판(겉)

뒤안단
(겉)

트임
끝점

⑤시접을
접는다

⑥상침

0.8

봉합
끝점

①봉합

④시접은 가름솔한다

뒷몸판(안)

③봉합

8.몸판의 밑단을 상침한다

5.뒷중심을 봉합한다

②시접은 가름솔한다

2

1

1.9

⑦접음

⑧접음

⑨시접을 두 번 접어
상침한다

10.허리벨트를 만든다

10.허리벨트를 만든다

①반으로 접는다

허리벨트(안)

③봉합

①겉으로 뒤집는다

허리벨트(겉)

8

②창구멍을 남기고 봉합한다

②시접을 안으로
접어 넣는다

0.1

③상침

57

라운드넥 블라우스
턱 스커트

15 · 16재료		M	L	LL
겉감(보링 트윌)	110cm폭	200cm	210cm	220cm
겉감(부처 린넨)	112cm폭	170cm	180cm	190cm
접착심	112cm폭	30cm	30cm	30cm
고무줄(no.16에 사용)	3.5cm폭	72cm	78cm	88cm
완성 사이즈				
가슴둘레		112cm	118cm	128cm
뒷중심길이		67.5cm	70.8cm	74.1cm
스커트의 엉덩이둘레		100cm	106cm	116cm
스커트길이		68.5cm	71cm	73.5cm

실물크기 패턴

＊ 블라우스 패턴…B면 15패턴을 사용한다
· 패턴…앞몸판, 뒷몸판, 소매, 앞안단, 뒤안단
· 앞·뒤안단에 접착심을 붙인다
＊ 스커트 패턴…B면 16패턴을 사용한다
· 패턴…앞·뒤스커트
· 허리밴드 패턴은 아래의 치수를 참고하여 직접 제도하여 사용한다

16패턴

= 16패턴

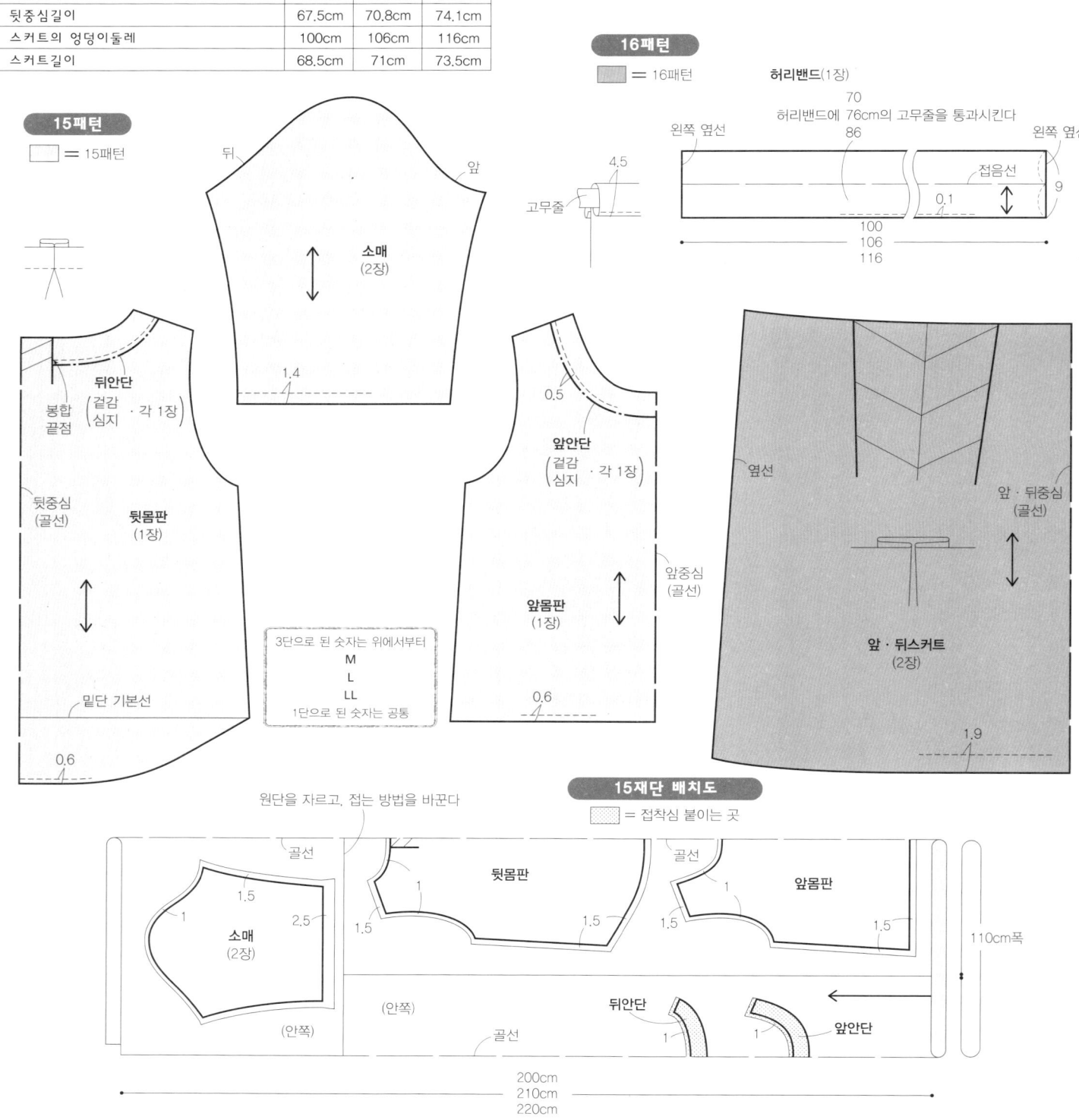

15패턴

= 15패턴

15재단 배치도

= 접착심 붙이는 곳

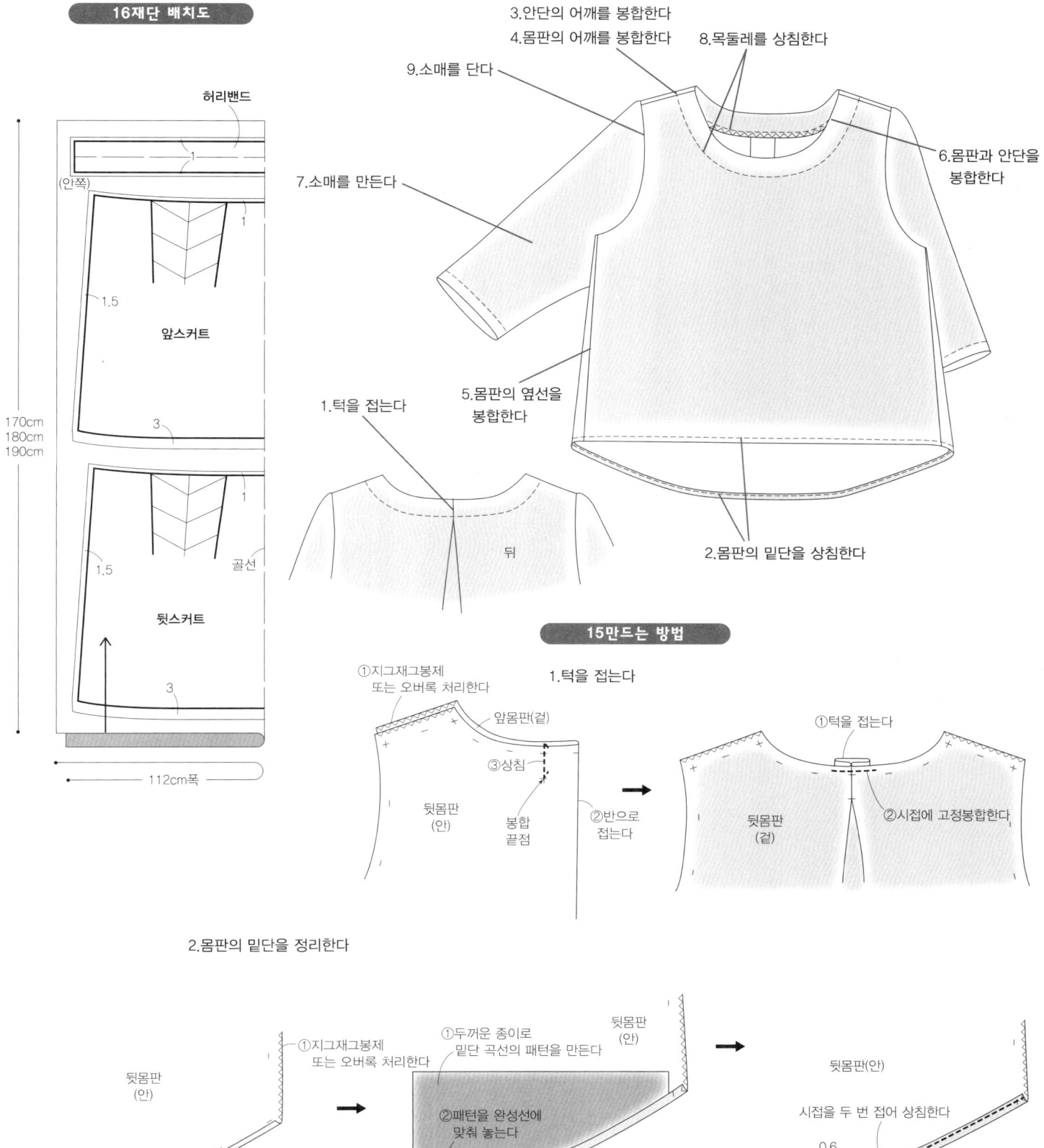

허리밴드

(안쪽)

170cm
180cm
190cm

1.5

앞스커트

3

1.5

골선

뒷스커트

3

112cm폭

3.안단의 어깨를 봉합한다

4.몸판의 어깨를 봉합한다

8.목둘레를 상침한다

9.소매를 단다

6.몸판과 안단을 봉합한다

7.소매를 만든다

5.몸판의 옆선을 봉합한다

1.턱을 접는다

뒤

2.몸판의 밑단을 상침한다

15만드는 방법

①지그재그봉제 또는 오버록 처리한다

앞몸판(겉)

③상침

뒷몸판(안)

봉합 끝점

②반으로 접는다

1.턱을 접는다

①턱을 접는다

뒷몸판(겉)

②시접에 고정봉합한다

2.몸판의 밑단을 정리한다

①지그재그봉제 또는 오버록 처리한다

뒷몸판(안)

②시접을 반으로 접는다

①두꺼운 종이로 밑단 곡선의 패턴을 만든다

뒷몸판(안)

②패턴을 완성선에 맞춰 놓는다

③시접을 접어 다린다

뒷몸판(안)

시접을 두 번 접어 상침한다

0.6

♥앞몸판의 밑단 시접도 두 번 접어 상침한다

59

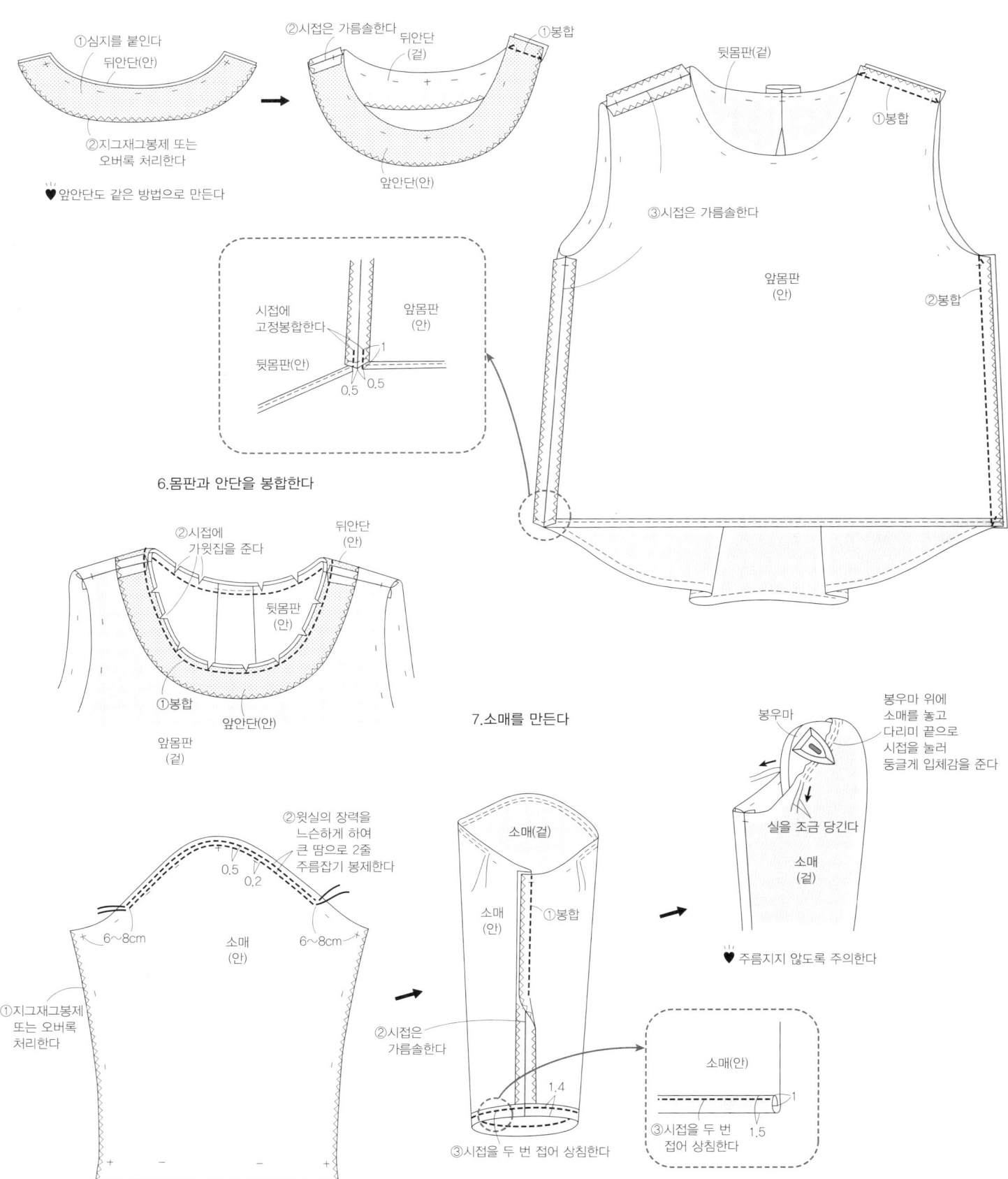

3.안단의 어깨를 봉합한다

①심지를 붙인다
뒤안단(안)

②지그재그봉제 또는
오버록 처리한다

♥ 앞안단도 같은 방법으로 만든다

②시접은 가름솔한다
뒤안단(겉)
①봉합
앞안단(안)

4.몸판의 어깨를 봉합한다
5.몸판의 옆선을 봉합한다

뒷몸판(겉)
①봉합
③시접은 가름솔한다
앞몸판(안)
②봉합

시접에
고정봉제한다
앞몸판(안)
뒷몸판(안)
0.5 0.5
1

6.몸판과 안단을 봉합한다

②시접에
가윗집을 준다
뒤안단(안)
뒷몸판(안)
①봉합
앞안단(안)
앞몸판(겉)

7.소매를 만든다

봉우마 위에
소매를 놓고
다리미 끝으로
시접을 눌러
둥글게 입체감을 준다
봉우마
실을 조금 당긴다
소매(겉)

♥ 주름지지 않도록 주의한다

②윗실의 장력을
느슨하게 하여
큰 땀으로 2줄
주름잡기 봉제한다
0.5
0.2
6~8cm   소매(안)   6~8cm
①지그재그봉제
또는 오버록
처리한다

소매(겉)
소매(안)
①봉합
②시접은
가름솔한다
1.4
③시접을 두 번 접어 상침한다

소매(안)
③시접을 두 번
접어 상침한다
1.5
1

60

8.목둘레를 상침한다
9.소매를 단다

＊ 허리밴드 만드는 방법은 P.45의 5, 6 참고

1.턱을 접는다

③시접에 고정봉합한다

②봉합
뒷몸판(겉)
3

⑤2장의 시접을 함께
지그재그봉합 또는
오버록 통솔처리한다

③소매쪽에서 봉합한다

약 20cm

②시침질로 턱을
임시고정한다

①턱을
접어 다린다

소매(안)

앞안단
(겉)

④그림처럼 봉합선이
소매 아래에서
겹쳐지도록 봉합한다

①안단을 몸판 안쪽으로 접는다

지그재그봉제 또는
오버록 처리한다

앞몸판(안)

앞스커트
(겉)

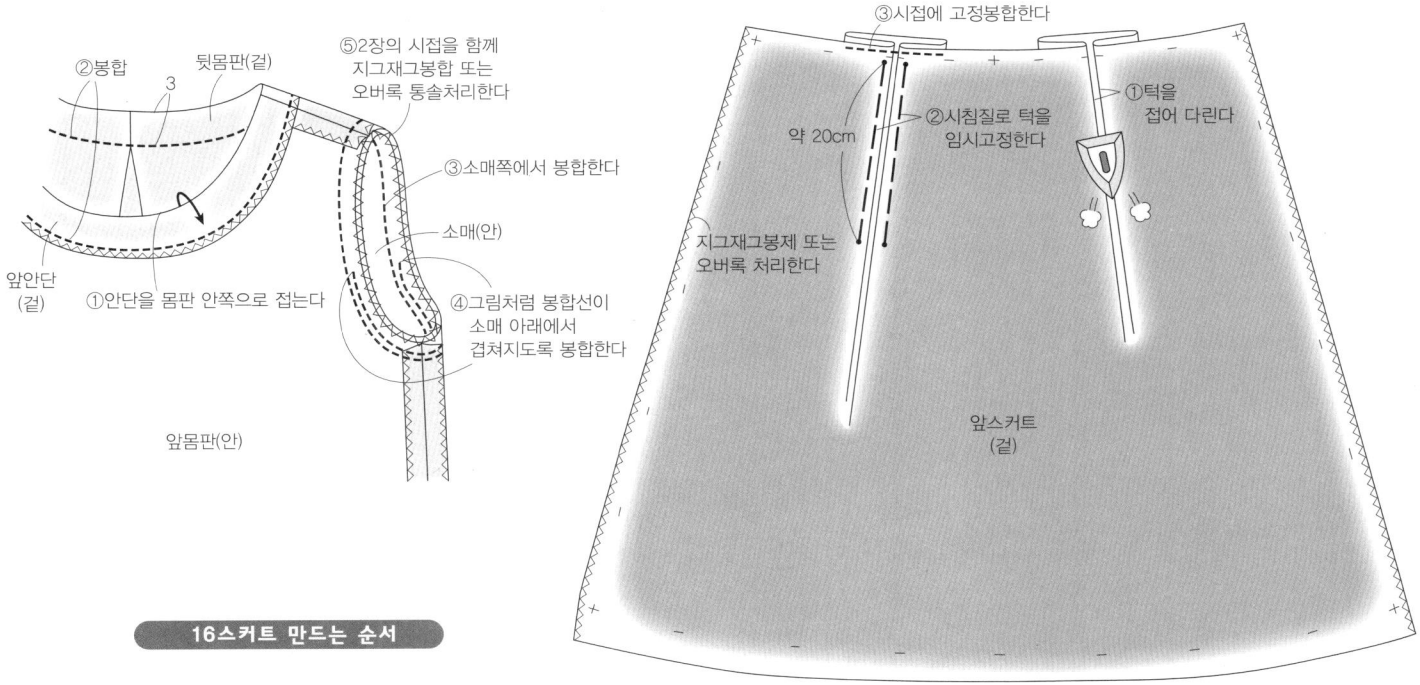

♥뒷스커트도 같은 방법으로 만든다

16스커트 만드는 순서

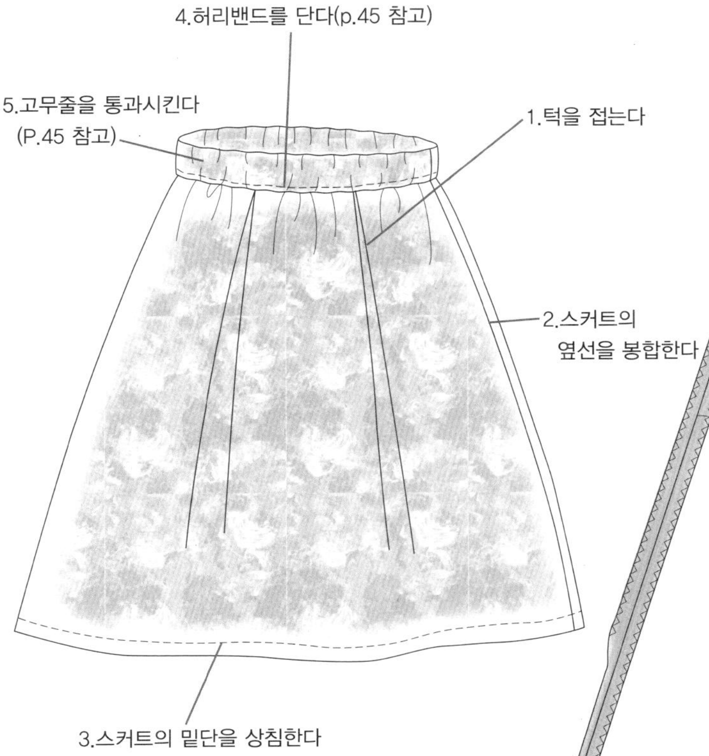

2.스커트의 옆선을 봉합한다
3.스커트의 밑단을 정리한다

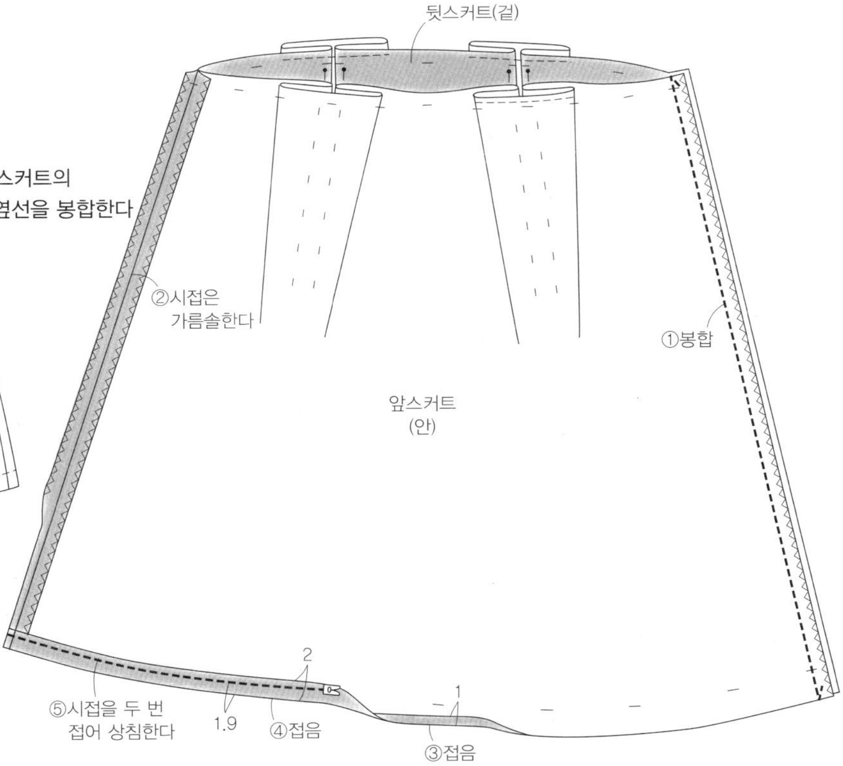

4.허리밴드를 단다(p.45 참고)

뒷스커트(겉)

5.고무줄을 통과시킨다
(P.45 참고)

1.턱을 접는다

2.스커트의
옆선을 봉합한다

②시접은
가름솔한다

①봉합

앞스커트
(안)

3.스커트의 밑단을 상침한다

⑤시접을 두 번
접어 상침한다

2

1.9   ④접음

1

③접음

18페이지 no.17·18 터번 슬리브리스 원피스

17·18재료		M	L	LL
17·18겉감(자카드)	130cm폭	220cm	230cm	240cm
17·18겉감(자카드)	130cm폭	30cm	30cm	30cm
접착심(no.18에 사용)	112cm폭	30cm	30cm	30cm
고무줄(no.17에 사용)	1.8cm폭	23cm		
완성 사이즈				
가슴둘레		104cm	110cm	120cm
옷길이		97.5cm	101.5cm	105.5cm

실물크기 패턴

＊ 원피스 패턴…B면 15패턴을 변형하여 사용한다
- 패턴…앞몸판, 뒷몸판, 앞안단, 뒤안단
- 소매 패턴은 사용하지 않는다
- 바이어스천은 원단에 직접 그려 재단한다
- 앞·뒤안단에 접착심을 붙인다

＊ 터번 패턴은 아래의 치수를 참고하여 직접 제도하여 사용한다

패턴 수정 방법

- 원피스는 응용된 작품이기 때문에 B면 15패턴을 수정하여 사용한다
- 뒷몸판의 턱을 없애고, 뒷중심을 4cm 안쪽으로 이동한다
- 옷길이는 치수에 맞춰 늘려준다

18패턴

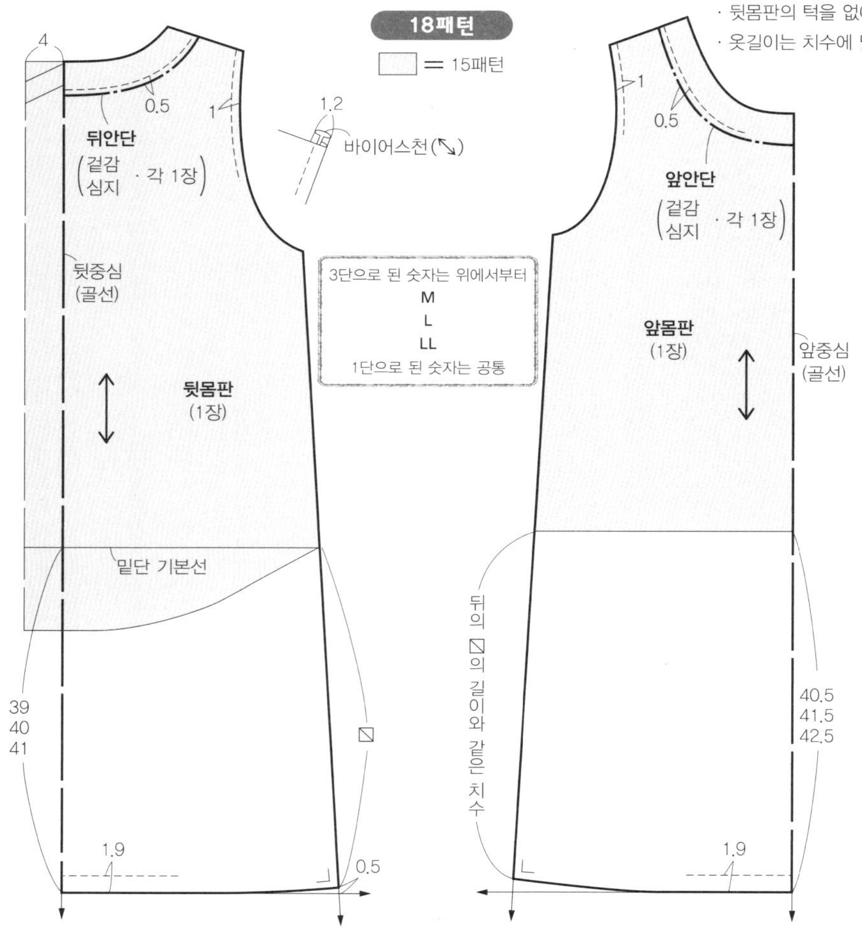

= 15패턴
4
0.5
1
뒤안단
겉감 심지 · 각 1장
1.2
바이어스천
뒷중심 (골선)
3단으로 된 숫자는 위에서부터 M L LL 1단으로 된 숫자는 공통
뒷몸판 (1장)
밑단 기본선
39
40
41
1.9
0.5
뒤의 ⧅의 길이와 같은 치수
1
0.5
앞안단
겉감 심지 · 각 1장
앞몸판 (1장)
앞중심 (골선)
40.5
41.5
42.5
1.9

17제도

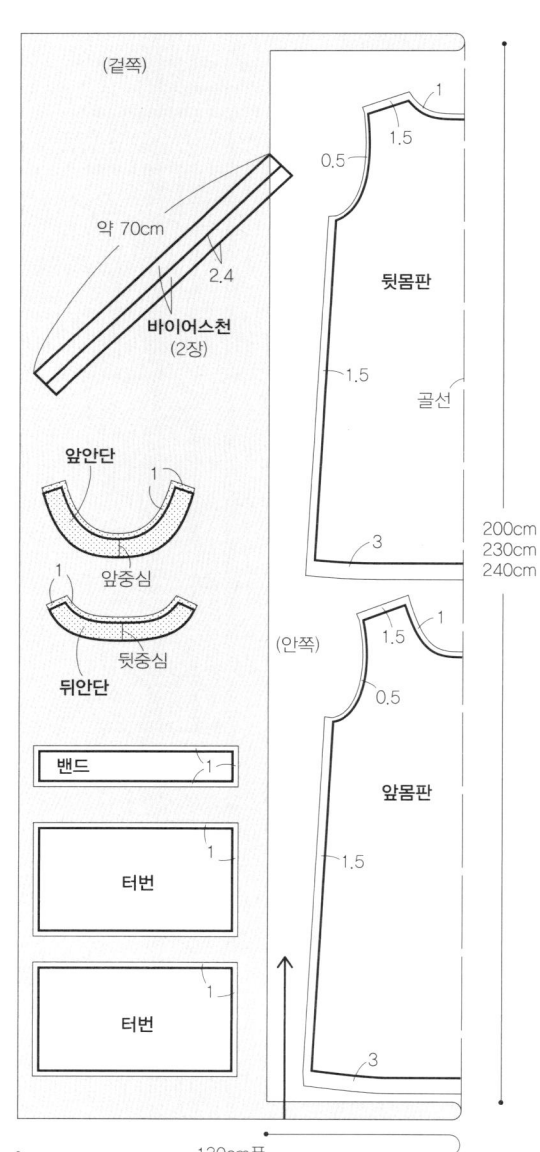

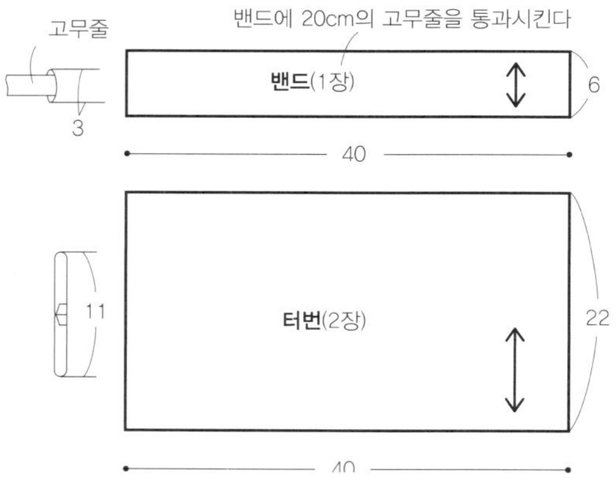

고무줄
밴드에 20cm의 고무줄을 통과시킨다
밴드(1장)
6
3
40
11
터번(2장)
22
40

17·18재단 배치도

= 접착심 붙이는 곳
(겉쪽)
1
1.5
0.5
약 70cm
2.4
바이어스천 (2장)
뒷몸판
1.5
골선
3
앞안단
1
앞중심
1
뒤중심
뒤안단
200cm
230cm
240cm
(안쪽)
1.5
1
0.5
밴드
1
터번
1
앞몸판
1.5
터번
1
3
130cm폭

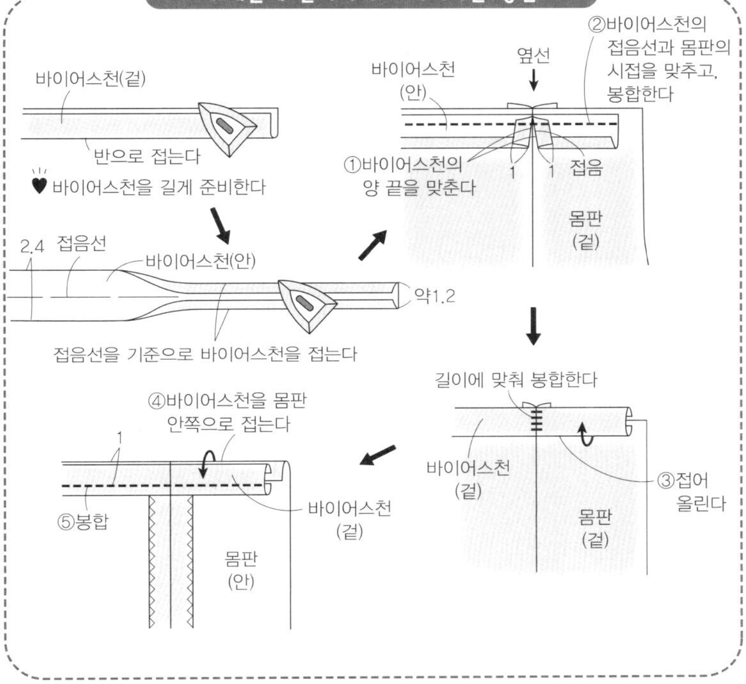

2.몸판의 어깨를 봉합한다
3.몸판의 옆선을 봉합한다
4.몸판의 밑단을 정리한다

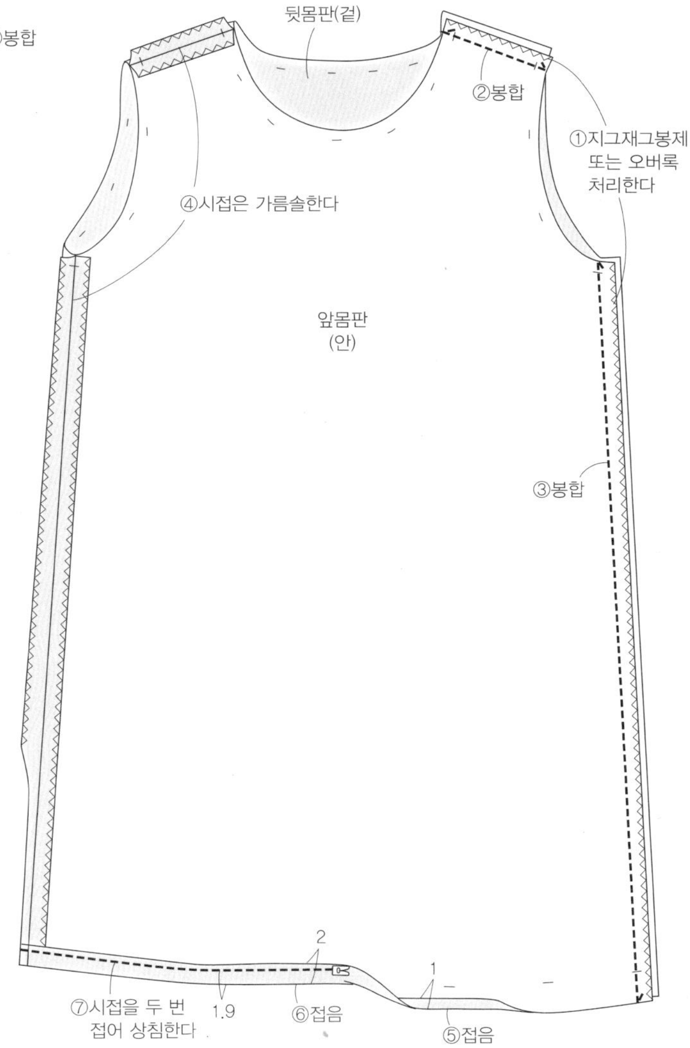

1.안단의 어깨를 봉합한다

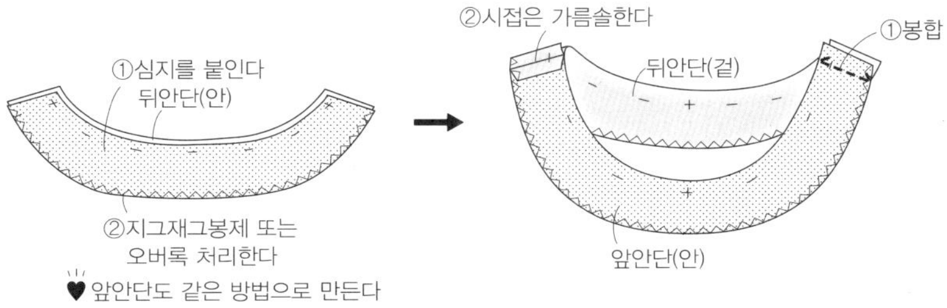

①심지를 붙인다
뒤안단(안)

②지그재그봉제 또는
오버록 처리한다

♥ 앞안단도 같은 방법으로 만든다

②시접은 가름솔한다

뒤안단(겉)

①봉합

앞안단(안)

소매둘레 안바이어스 처리하는 방법

바이어스천(겉)

반으로 접는다

♥ 바이어스천을 길게 준비한다

2.4 접음선

바이어스천(안)

약1.2

접음선을 기준으로 바이어스천을 접는다

바이어스천
(안)

옆선

②바이어스천의
접음선과 몸판의
시접을 맞추고,
봉합한다

①바이어스천의
양 끝을 맞춘다

1 1 접음

몸판
(겉)

길이에 맞춰 봉합한다

바이어스천
(겉)

③접어
올린다

몸판
(겉)

④바이어스천을 몸판
안쪽으로 접는다

1

⑤봉합

바이어스천
(겉)

몸판
(안)

뒷몸판(겉)

②봉합

①지그재그봉제
또는 오버록
처리한다

④시접은 가름솔한다

앞몸판
(안)

③봉합

2

⑦시접을 두 번
접어 상침한다

1.9 ⑥접음

1

⑤접음

5.몸판과 안단을 봉합한다
6.소매둘레를 안바이어스 처리한다
7.목둘레를 상침한다

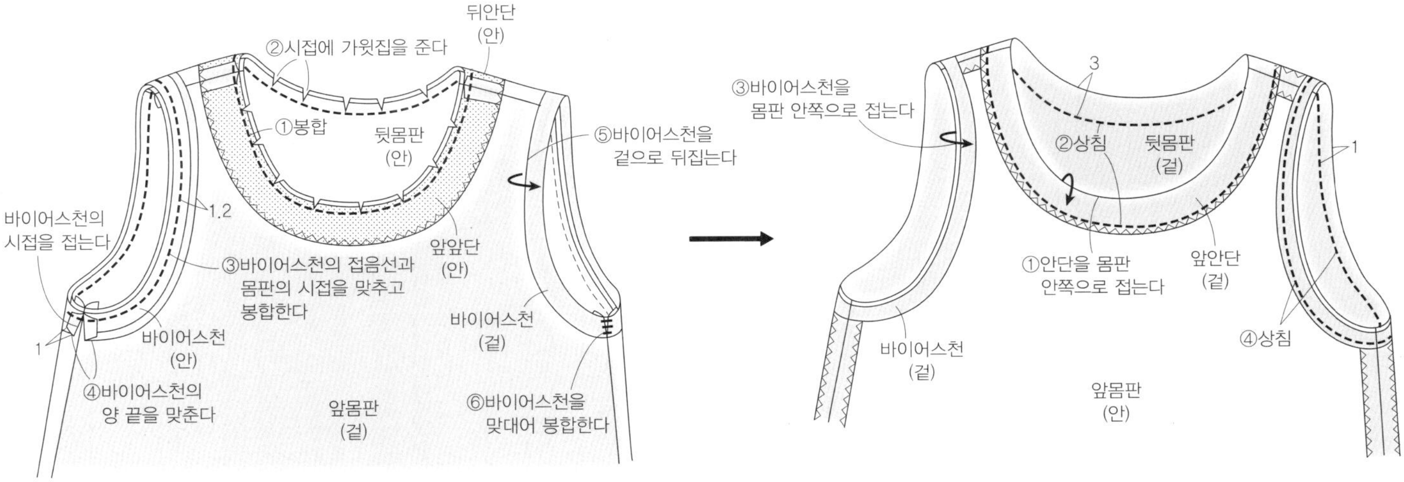

②시접에 가윗집을 준다

뒤안단
(안)

①봉합

뒷몸판
(안)

⑤바이어스천을
겉으로 뒤집는다

바이어스천의
시접을 접는다

1.2

③바이어스천의 접음선과
몸판의 시접을 맞추고
봉합한다

1

④바이어스천의
양 끝을 맞춘다

바이어스천
(안)

앞앞단
(안)

바이어스천
(겉)

⑥바이어스천을
맞대어 봉합한다

앞몸판
(겉)

③바이어스천을
몸판 안쪽으로 접는다

3

②상침

뒷몸판
(겉)

1

①안단을 몸판
안쪽으로 접는다

앞안단
(겉)

④상침

바이어스천
(겉)

앞몸판
(안)

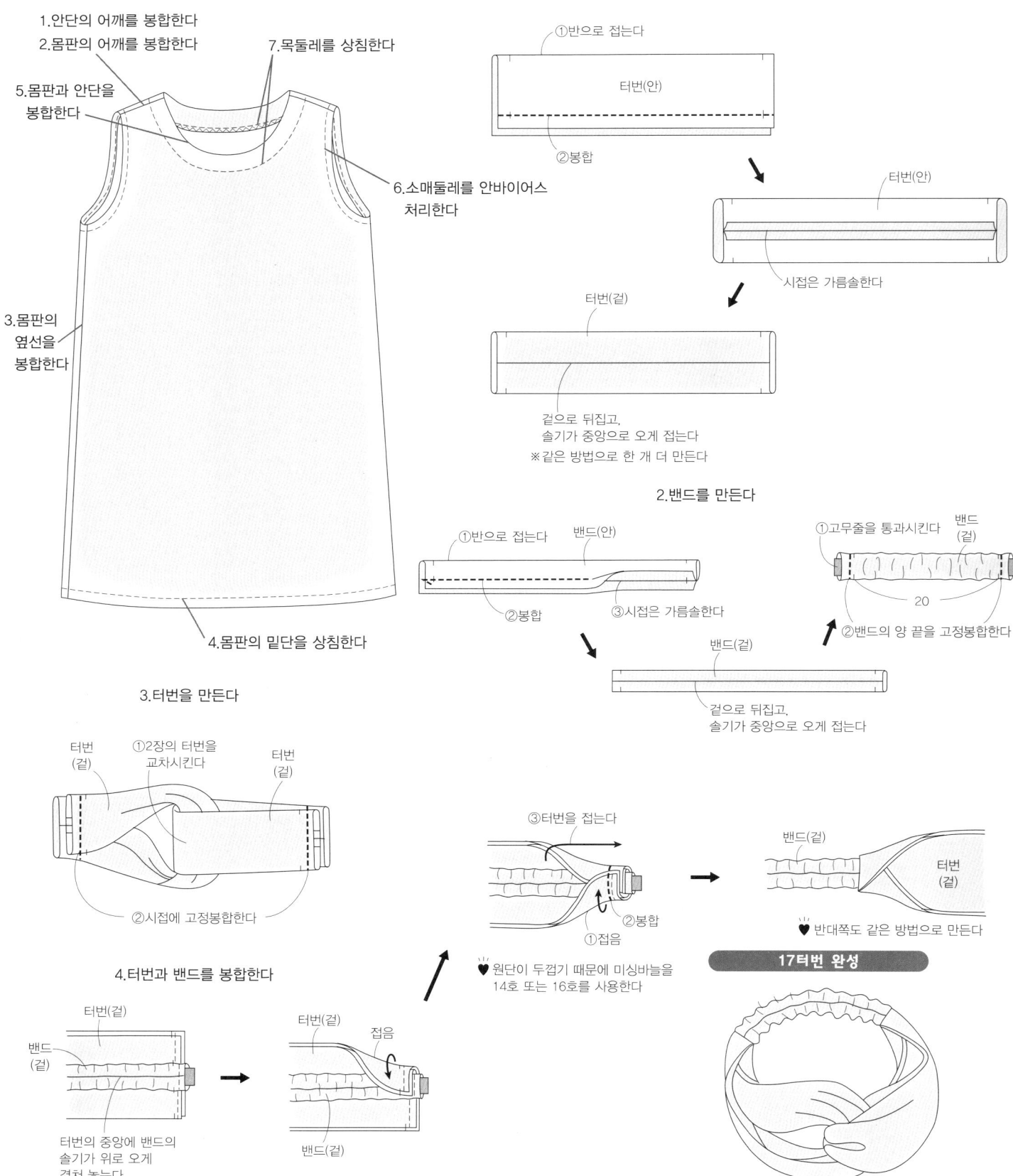

1. 안단의 어깨를 봉합한다
2. 몸판의 어깨를 봉합한다
7. 목둘레를 상침한다
5. 몸판과 안단을 봉합한다
6. 소매둘레를 안바이어스 처리한다
3. 몸판의 옆선을 봉합한다
4. 몸판의 밑단을 상침한다

1. 터번을 만든다

①반으로 접는다
터번(안)
②봉합

터번(안)
시접은 가름솔한다

터번(겉)
겉으로 뒤집고, 솔기가 중앙으로 오게 접는다
※같은 방법으로 한 개 더 만든다

2. 밴드를 만든다

①반으로 접는다
밴드(안)
②봉합
③시접은 가름솔한다

밴드(겉)
겉으로 뒤집고, 솔기가 중앙으로 오게 접는다

①고무줄을 통과시킨다
밴드(겉)
20
②밴드의 양 끝을 고정봉합한다

3. 터번을 만든다

터번(겉)
①2장의 터번을 교차시킨다
터번(겉)
②시접에 고정봉합한다

4. 터번과 밴드를 봉합한다

터번(겉)
밴드(겉)
터번의 중앙에 밴드의 솔기가 위로 오게 겹쳐 놓는다

터번(겉)
접음
밴드(겉)

③터번을 접는다
②봉합
①접음
♥ 원단이 두껍기 때문에 미싱바늘을 14호 또는 16호를 사용한다

밴드(겉)
터번(겉)
♥ 반대쪽도 같은 방법으로 만든다

21재료		M	L	LL
겉감(코튼 타이프라이터)	110cm폭	270cm	280cm	290cm
접착심	112cm폭		30cm	
완성 사이즈				
가슴둘레		104cm	110cm	120cm
옷길이		97.5cm	101.5cm	105.5cm

실물크기 패턴

※ 원피스 패턴…B면 15패턴을 변형하여 사용한다. 앞안단은 B면 21패턴을 사용한다
· 패턴…no.15: 앞몸판, 뒷몸판, 소매, 뒤안단, no.21: 앞안단
· no.15 앞안단은 사용하지 않는다
· 앞 · 뒤안단에 접착심을 붙인다

패턴 수정 방법

· 원피스는 응용된 작품이기 때문에 B면 no.15패턴을 수정하여 사용한다
· 앞목둘레에 트임을 만든다
· 뒷몸판의 턱을 없애고, 뒷중심을 4cm 안쪽으로 이동한다
· 옷길이는 치수에 맞춰 늘려준다

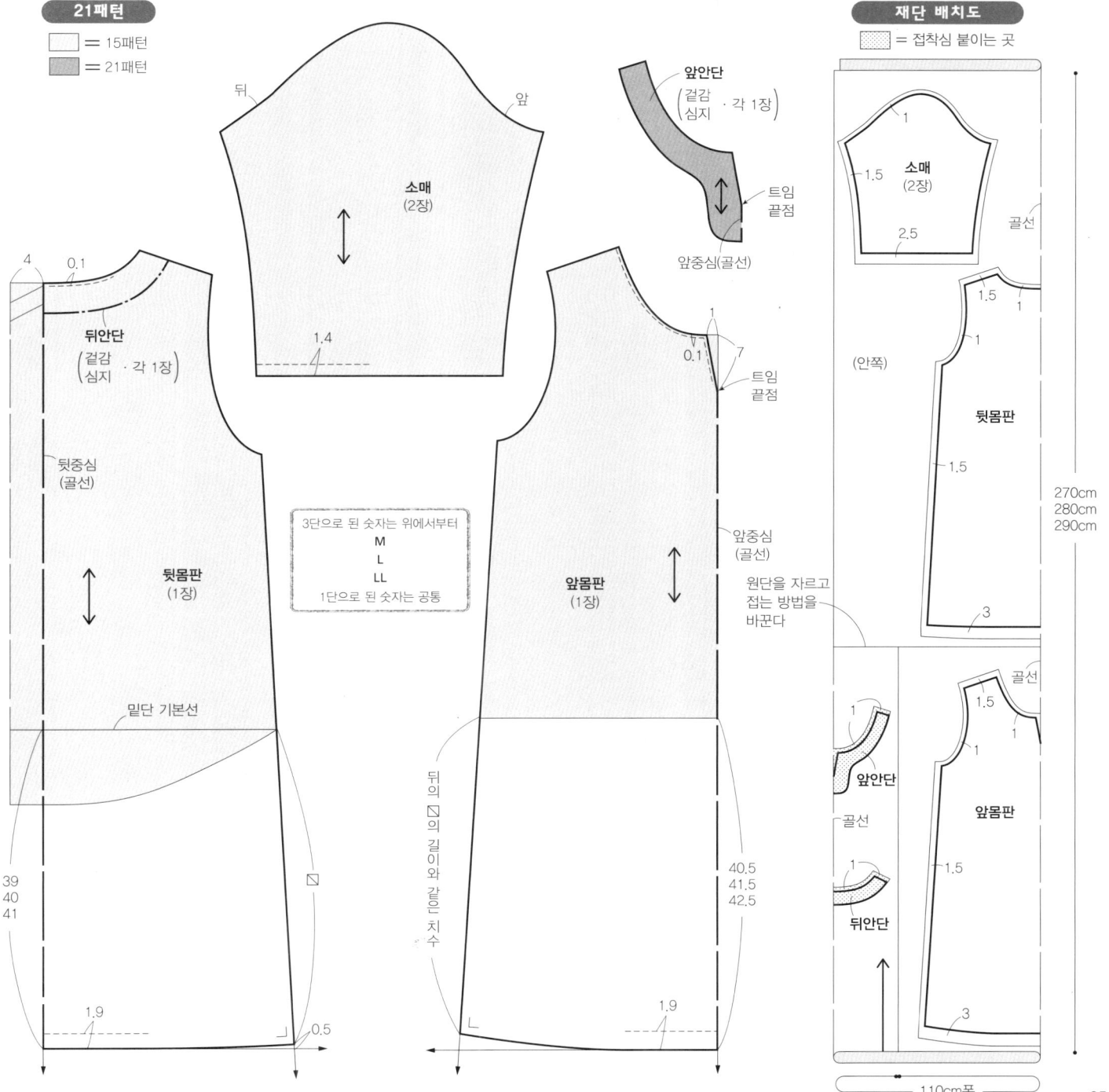

65

1.안단의 어깨를 봉합한다 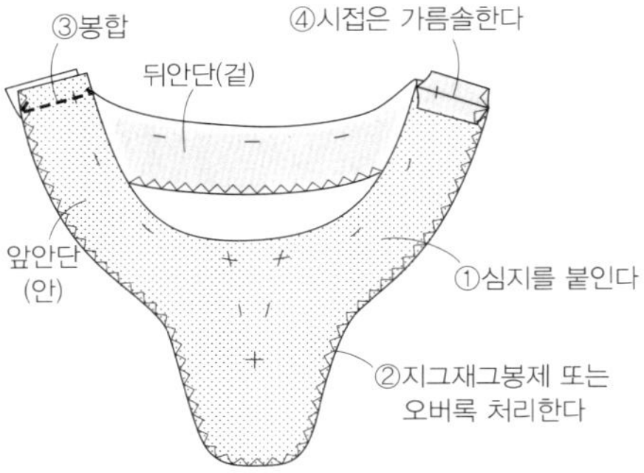
2.몸판의 어깨를 봉합한다

3.몸판과 안단을 봉합한다

6.소매를 단다

4.소매를 만든다

5.몸판의 옆선을
봉합한다

7.몸판의 밑단을 상침한다

만드는 방법

1.안단의 어깨를 봉합한다

③봉합
뒤안단(겉)
④시접은 가름솔한다
앞안단
(안)
①심지를 붙인다
②지그재그봉제 또는
오버록 처리한다

2.몸판의 어깨를 봉합한다

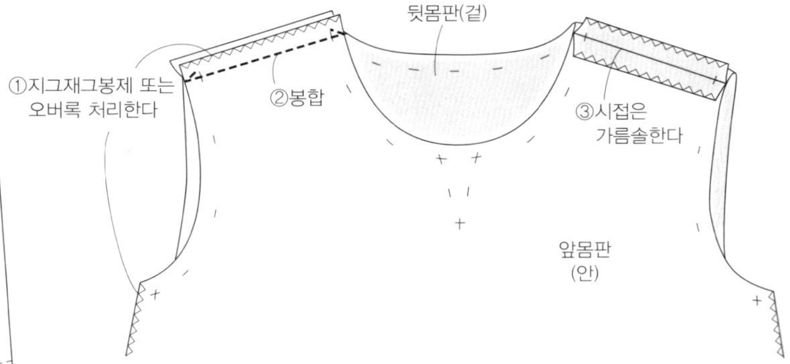

뒷몸판(겉)
①지그재그봉제 또는
오버록 처리한다
②봉합
③시접은
가름솔한다
앞몸판
(안)

3.몸판과 안단을 봉합한다

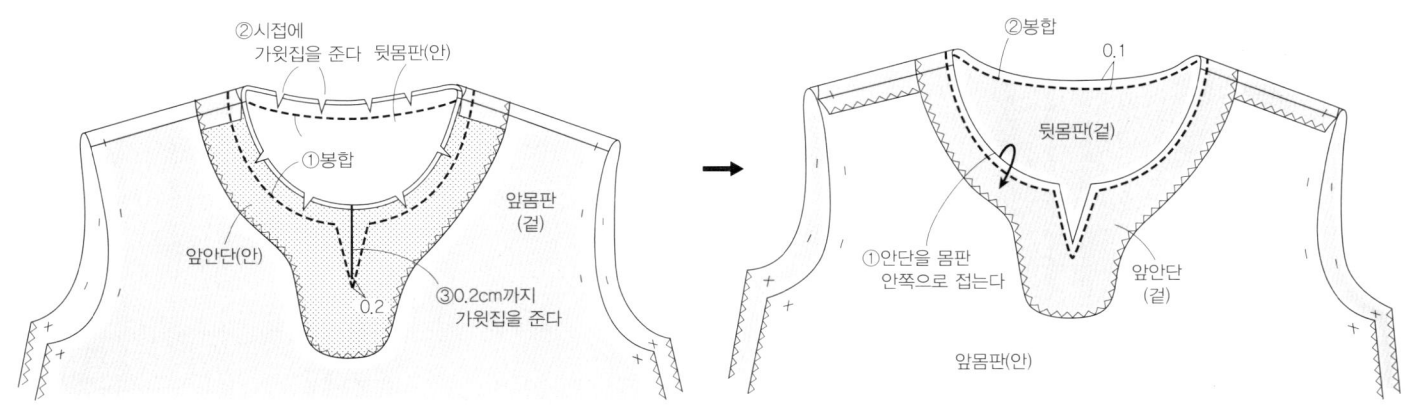

②시접에
가윗집을 준다 뒷몸판(안)
①봉합
앞안단(안)
앞몸판
(겉)
③0.2cm까지
가윗집을 준다
0.2

②봉합
0.1
뒷몸판(겉)
①안단을 몸판
안쪽으로 접는다
앞안단
(겉)
앞몸판(안)

66

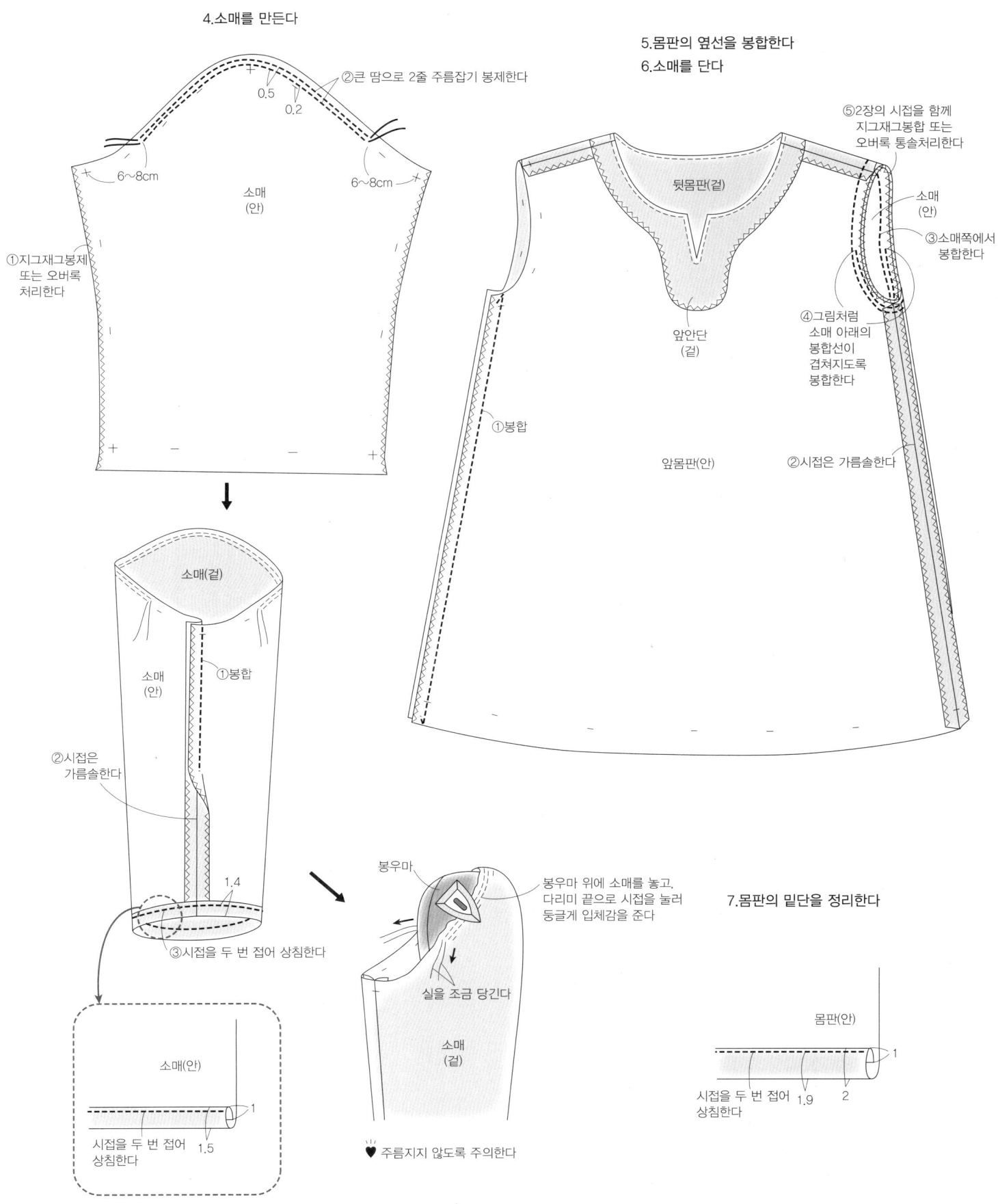

4.소매를 만든다

②큰 땀으로 2줄 주름잡기 봉제한다

0.5
0.2

6~8cm   소매   6~8cm
(안)

①지그재그봉제
또는 오버록
처리한다

소매(겉)

소매   ①봉합
(안)

②시접은
가름솔한다

1.4

③시접을 두 번 접어 상침한다

소매(안)

①
1.5

시접을 두 번 접어
상침한다

5.몸판의 옆선을 봉합한다
6.소매를 단다

⑤2장의 시접을 함께
지그재그봉합 또는
오버록 통솔처리한다

뒷몸판(겉)   소매
(안)

③소매쪽에서
봉합한다

앞안단
(겉)   ④그림처럼
소매 아래의
봉합선이
겹쳐지도록
봉합한다

①봉합

②시접은 가름솔한다

앞몸판(안)

봉우마   봉우마 위에 소매를 놓고,
다리미 끝으로 시접을 눌러
둥글게 입체감을 준다

실을 조금 당긴다

소매
(겉)

♥ 주름지지 않도록 주의한다

7.몸판의 밑단을 정리한다

몸판(안)

1

시접을 두 번 접어   1.9   2
상침한다

베스트
랩 스커트

19 · 20재료		M	L	LL
겉감(스트라이프 울)	148cm폭	230cm	240cm	250cm
접착심	112cm폭	85cm	90cm	90cm
단추	지름2.5cm		1개	
스냅단추	지름1.3cm		1쌍	
바이어스테이프(양면)	1.27cm폭		약140cm	
완성 사이즈				
가슴둘레		112cm	118cm	128cm
옷길이		52.5cm	55.2cm	57.9cm
허리둘레		약 74cm	약 80cm	약 90cm
엉덩이둘레		100cm	106cm	116cm
스커트길이		62.5cm	65cm	67.5cm

실물크기 패턴

＊베스트 패턴…B면 15패턴을 변형하여 사용한다
· 패턴…앞몸판, 뒷몸판, 앞안단, 뒤안단
· 소매 패턴은 사용하지 않는다
· 앞·뒤안단에 접착심을 붙인다

＊스커트 패턴…A면 20·30패턴을 사용한다
· 패턴…앞스커트, 뒷스커트, 앞안단, 뒤안단, 오른쪽 앞끝 안단
· 앞·뒤안단에 접착심을 붙인다

패턴 수정 방법

· 베스트는 응용된 작품이기 때문에 B면 15패턴을 수정하여 사용한다
· 옷길이는 치수에 맞춰 줄여준다

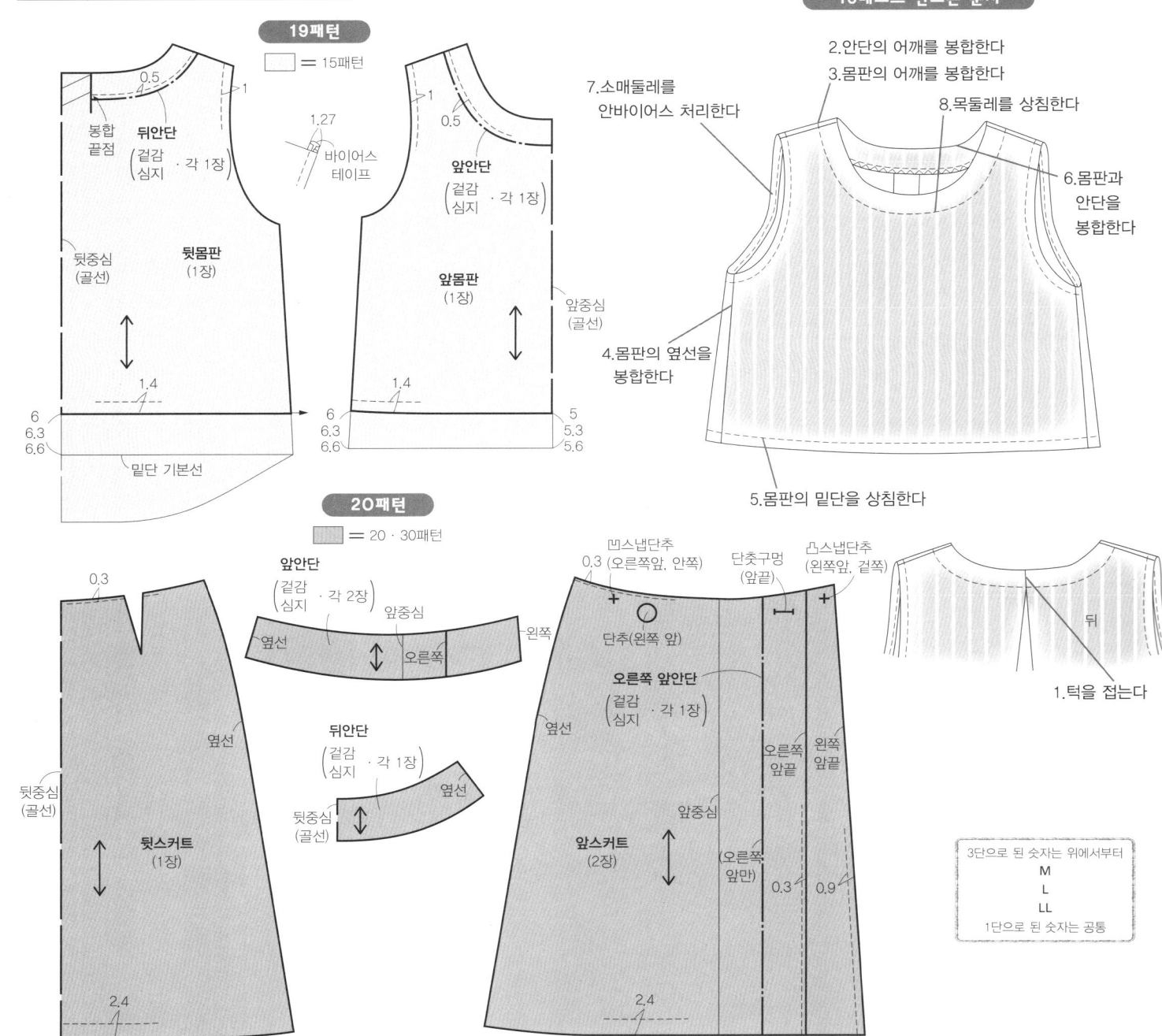

19패턴

□ = 15패턴

봉합 끝점
뒤안단
(겉감
심지 · 각 1장)

뒷중심
(골선)

뒷몸판
(1장)

0.5
1
1.27
바이어스 테이프

1
0.5

앞안단
(겉감
심지 · 각 1장)

앞몸판
(1장)

앞중심
(골선)

1.4   1.4
6   6   5
6.3   6.3   5.3
6.6   6.6   5.6

밑단 기본선

19베스트 만드는 순서

2.안단의 어깨를 봉합한다
3.몸판의 어깨를 봉합한다
8.목둘레를 상침한다
7.소매둘레를 안바이어스 처리한다
6.몸판과 안단을 봉합한다
4.몸판의 옆선을 봉합한다
5.몸판의 밑단을 상침한다

1.턱을 접는다
뒤

20패턴

▨ = 20·30패턴

0.3

앞안단
(겉감
심지 · 각 2장)
앞중심
옆선   왼쪽
오른쪽

뒤안단
(겉감
심지 · 각 1장)
뒷중심
(골선)   옆선

뒷중심
(골선)
옆선
뒷스커트
(1장)

2.4

凹스냅단추
0.3 (오른쪽앞, 안쪽)
단춧구멍
(앞끝)
凸스냅단추
(왼쪽앞, 겉쪽)

단추(왼쪽 앞)

오른쪽 앞안단
(겉감
심지 · 각 1장)
옆선

앞스커트
(2장)
(오른쪽
앞만)
앞중심

오른쪽
앞끝   왼쪽
앞끝

0.3   0.9

2.4

3단으로 된 숫자는 위에서부터
M
L
LL
1단으로 된 숫자는 공통

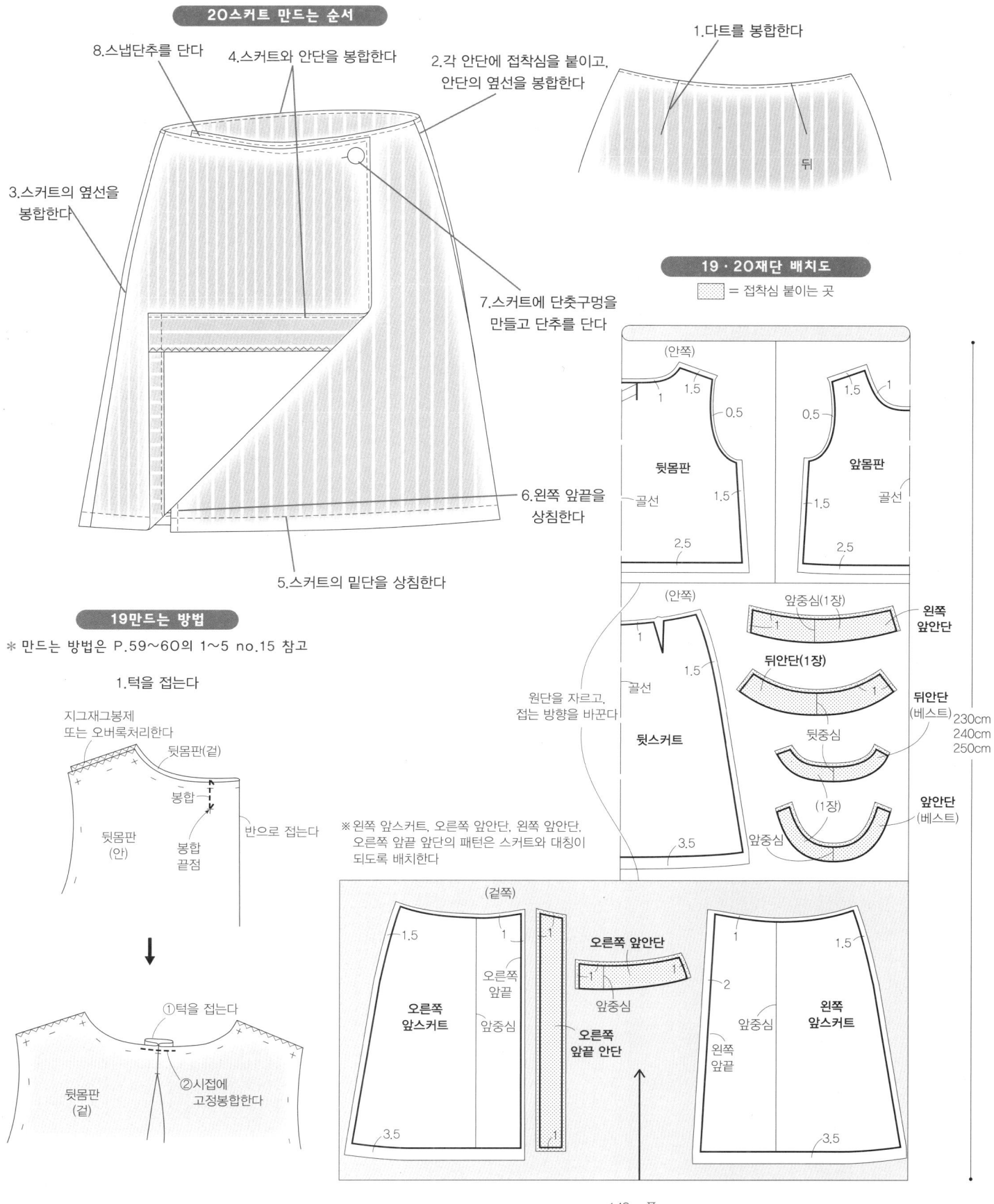

20스커트 만드는 순서

8.스냅단추를 단다

4.스커트와 안단을 봉합한다

2.각 안단에 접착심을 붙이고, 안단의 옆선을 봉합한다

1.다트를 봉합한다

3.스커트의 옆선을 봉합한다

뒤

7.스커트에 단춧구멍을 만들고 단추를 단다

6.왼쪽 앞끝을 상침한다

5.스커트의 밑단을 상침한다

19만드는 방법

＊ 만드는 방법은 P.59~60의 1~5 no.15 참고

1.턱을 접는다

지그재그봉제 또는 오버록처리한다

뒷몸판(겉)

봉합

반으로 접는다

뒷몸판(안)

봉합 끝점

봉합 끝점

①턱을 접는다

②시접에 고정봉합한다

뒷몸판(겉)

19·20재단 배치도

▨ = 접착심 붙이는 곳

(안쪽)

1

1.5

0.5

뒷몸판

골선

1.5

2.5

(안쪽)

1

1.5

0.5

앞몸판

골선

1.5

2.5

(안쪽)

1

1.5

뒷스커트

골선

3.5

원단을 자르고, 접는 방향을 바꾼다

앞중심(1장)

1

왼쪽 앞안단

뒤안단(1장)

1

뒤안단 (베스트)

뒷중심

(1장)

앞중심

앞안단 (베스트)

230cm 240cm 250cm

※ 왼쪽 앞스커트, 오른쪽 앞안단, 왼쪽 앞안단, 오른쪽 앞끝 앞안단의 패턴은 스커트와 대칭이 되도록 배치한다

(겉쪽)

1.5

1

오른쪽 앞스커트

오른쪽 앞끝

앞중심

3.5

오른쪽 앞안단

1

앞중심

오른쪽 앞끝 안단

1

1

2

1.5

왼쪽 앞스커트

앞중심

왼쪽 앞끝

3.5

148cm폭

6.몸판과 안단을 봉합한다
7.소매둘레를 안바이어스 처리한다

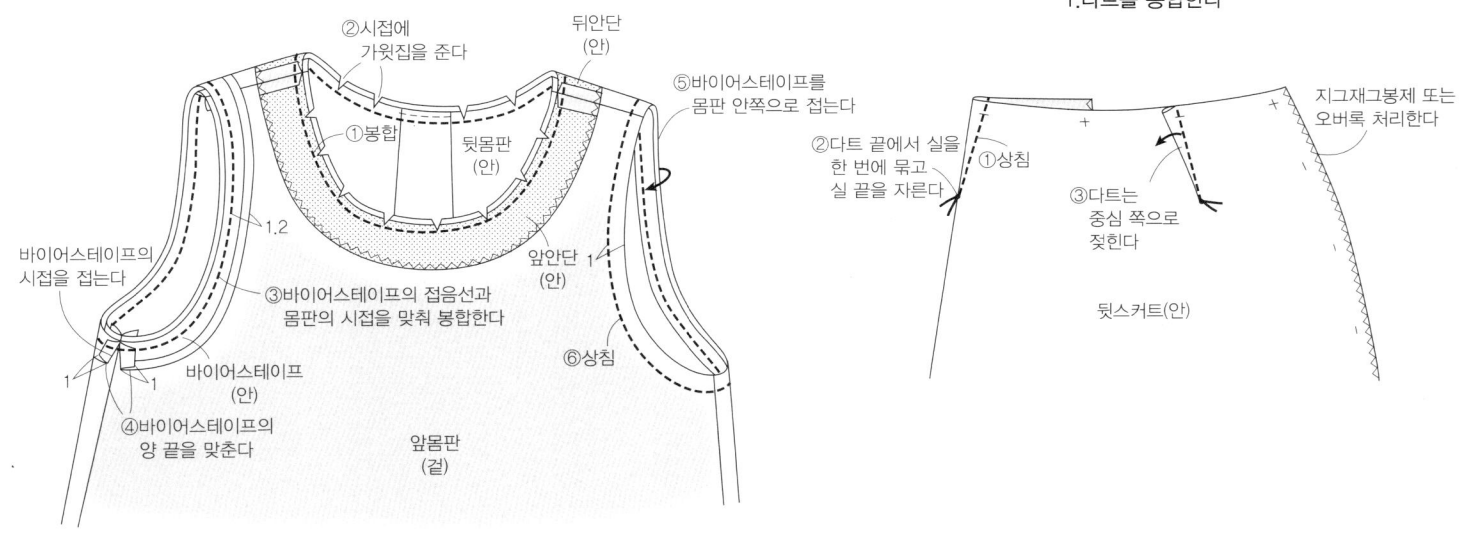

②시접에
가윗집을 준다
뒤안단
(안)
⑤바이어스테이프를
몸판 안쪽으로 접는다
①봉합
뒷몸판
(안)
1.2
바이어스테이프의
시접을 접는다
앞안단
(안)
1
③바이어스테이프의 접음선과
몸판의 시접을 맞춰 봉합한다
⑥상침
1
1
바이어스테이프
(안)
④바이어스테이프의
양 끝을 맞춘다
앞몸판
(겉)

20스커트 만드는 방법

1.다트를 봉합한다

지그재그봉제 또는
오버록 처리한다
②다트 끝에서 실을
한 번에 묶고
실 끝을 자른다
①상침
③다트는
중심 쪽으로
젖힌다
뒷스커트(안)

2.각 안단에 접착심을 붙이고,
안단의 옆선을 봉합한다

②지그재그봉제 또는
오버록 처리한다
①심지를
붙인다
오른쪽
앞끝 안단
(안)

①심지를 붙인다
왼쪽 앞안단(안)
②지그재그봉제
또는 오버록 처리한다

♥ 오른쪽 앞 · 뒤안단도 같은 방법으로 만든다

뒤안단(겉)
③봉합
④시접은 가름솔한다
오른쪽 앞안단
(안)
왼쪽 앞안단(겉)

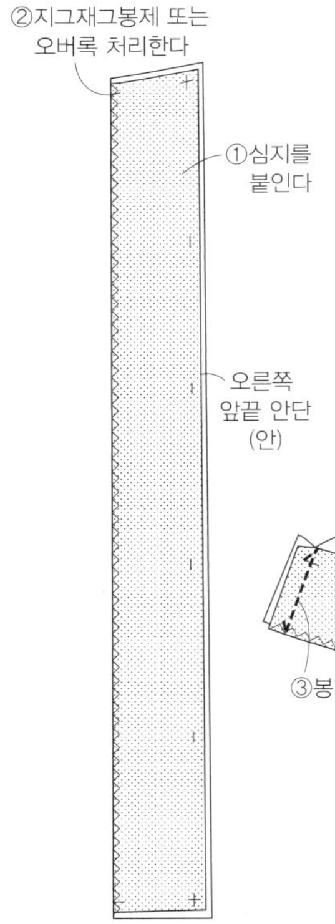

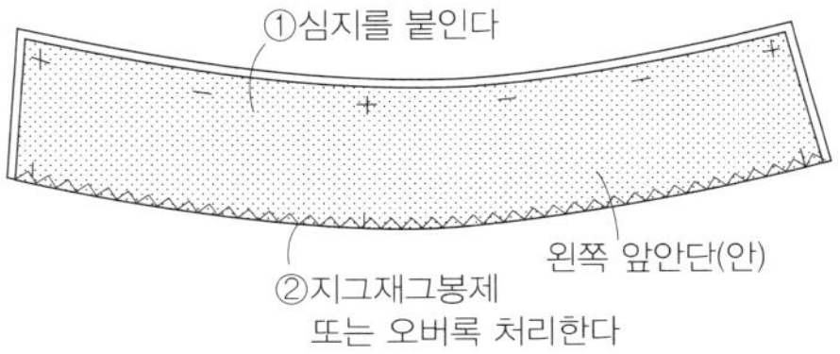

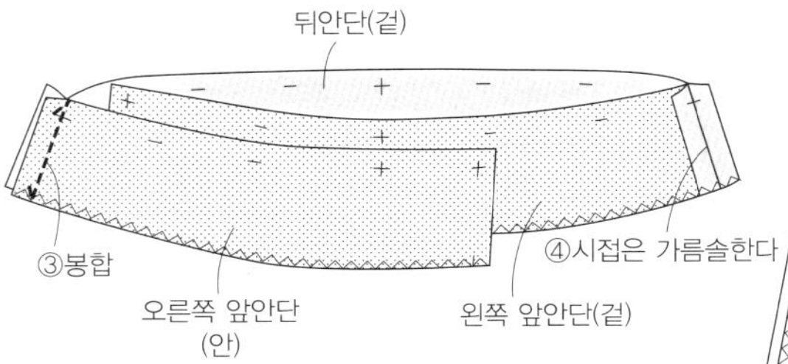

3.스커트의 옆선을 봉합한다

뒷스커트(겉)
①봉합
①봉합
왼쪽 앞스커트
(안)
오른쪽
앞스커트
(안)
②시접은
가름솔
한다

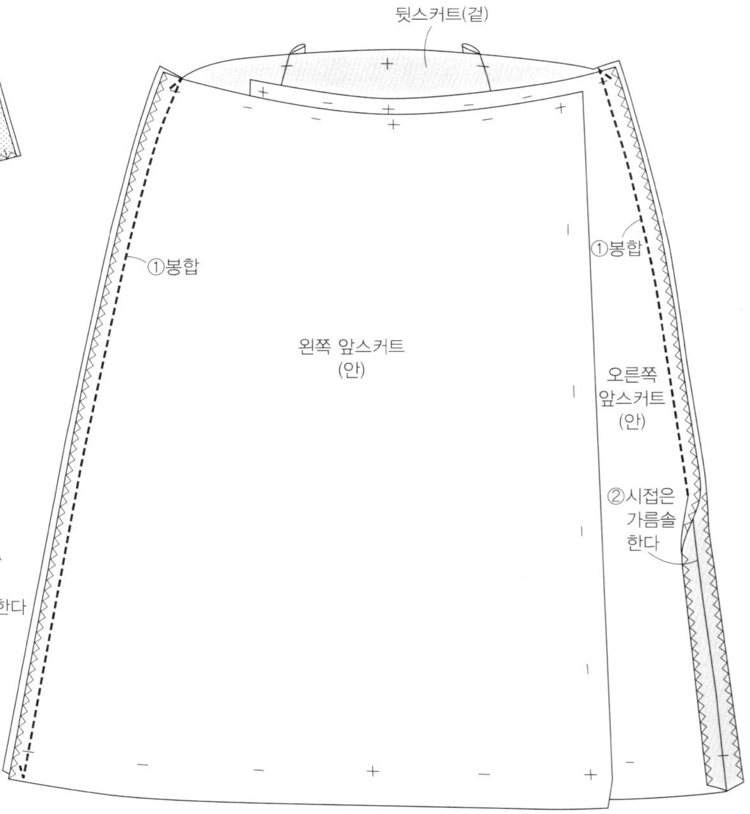

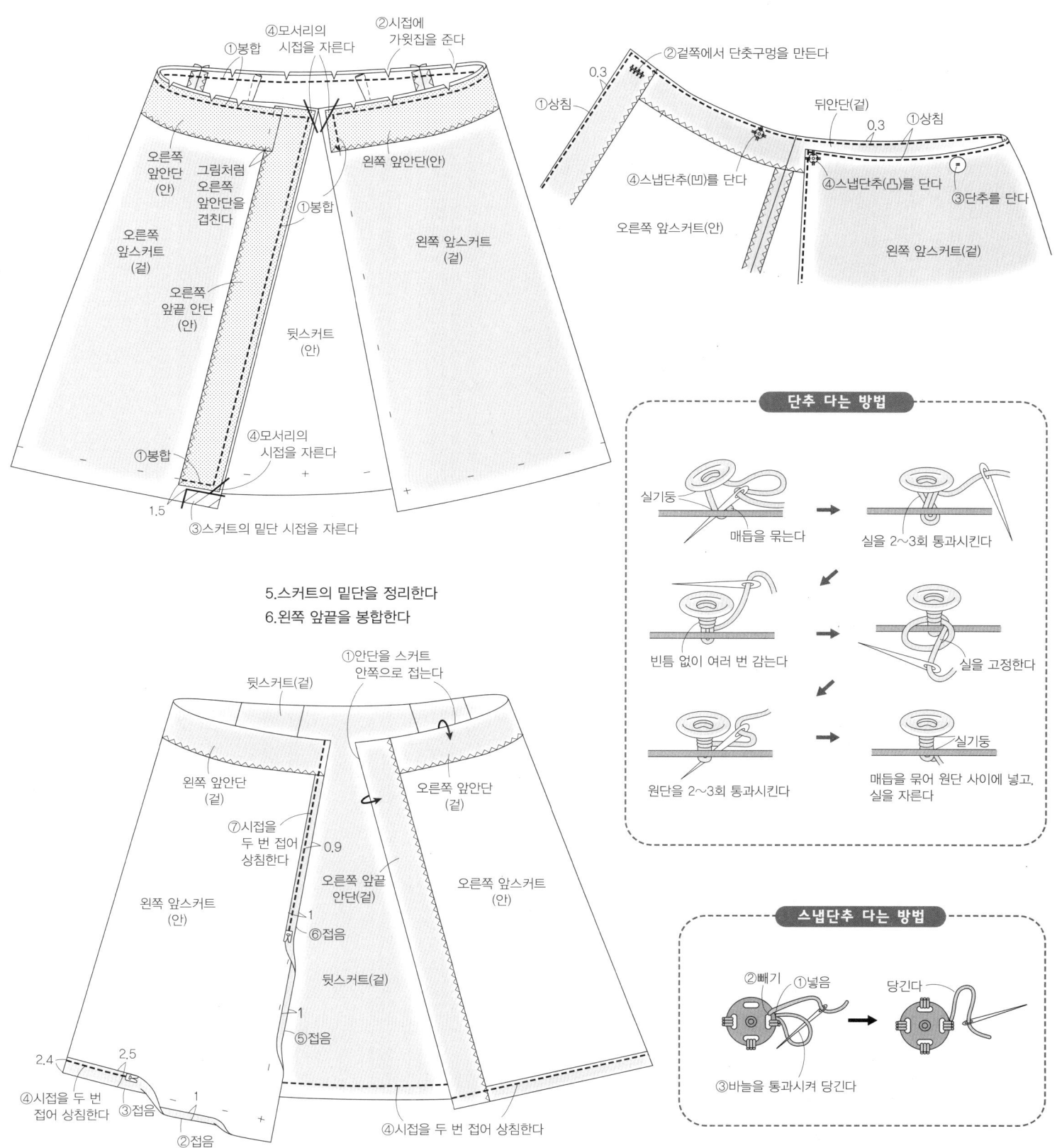

4.스커트와 안단을 봉합한다

④모서리의 시접을 자른다
①봉합
②시접에 가윗집을 준다
그림처럼 오른쪽 앞안단을 겹친다
오른쪽 앞안단(안)
오른쪽 앞스커트(겉)
오른쪽 앞끝 안단(안)
왼쪽 앞안단(안)
①봉합
왼쪽 앞스커트(겉)
뒷스커트(안)
①봉합
④모서리의 시접을 자른다
1.5
③스커트의 밑단 시접을 자른다

5.스커트의 밑단을 정리한다
6.왼쪽 앞끝을 봉합한다

뒷스커트(겉)
①안단을 스커트 안쪽으로 접는다
왼쪽 앞안단(겉)
⑦시접을 두 번 접어 상침한다
0.9
오른쪽 앞안단(겉)
오른쪽 앞끝 안단(겉)
왼쪽 앞스커트(안)
1
⑥접음
오른쪽 앞스커트(안)
뒷스커트(겉)
1
⑤접음
2.4
2.5
④시접을 두 번 접어 상침한다
③접음
1
②접음
④시접을 두 번 접어 상침한다

7.스커트에 단춧구멍을 만들고, 단추를 단다
8.스냅단추를 단다

②겉쪽에서 단춧구멍을 만든다
0.3
①상침
④스냅단추(凹)를 단다
오른쪽 앞스커트(안)
뒤안단(겉)
0.3
①상침
④스냅단추(凸)를 단다
③단추를 단다
왼쪽 앞스커트(겉)

단추 다는 방법

실기둥
매듭을 묶는다
실을 2~3회 통과시킨다
빈틈 없이 여러 번 감는다
실을 고정한다
원단을 2~3회 통과시킨다
실기둥
매듭을 묶어 원단 사이에 넣고, 실을 자른다

스냅단추 다는 방법

②빼기
①넣음
당긴다
③바늘을 통과시켜 당긴다

25재료		M	L	LL
겉감(폴리에스테르 드신)	112cm폭	190cm	200cm	210cm
접착심	112cm폭		30cm	
완성 사이즈				
가슴둘레		104cm	110cm	120cm
옷길이		72cm	75.5cm	79cm

실물크기 패턴

＊ 블라우스 패턴…B면 15패턴을 변형하여 사용한다
· 패턴…앞몸판, 뒷몸판
· 소매, 앞안단, 뒤안단 패턴은 사용하지 않는다
· 칼라 · 타이, 앞안단은 아래의 치수를 참고하여 직접 제도하여 사용한다
· 바이어스천은 원단에 직접 그려 재단한다
· 앞안단, 칼라에 접착심을 붙인다

패턴 수정 방법

· 블라우스는 응용된 작품이기 때문에 B면 15패턴을 수정하여 사용한다
· 앞몸판은 칼라둘레에 트림을 만들고, 앞단을 그려준다
· 뒷몸판의 턱을 없애고, 뒷중심을 4cm 안쪽으로 이동한다
· 옷길이는 치수에 맞춰 늘려주고, 옆선에 봉합 끝점을 표시한다

25패턴

☐ = 15패턴

재단 배치도

▨ = 접착심 붙이는 곳

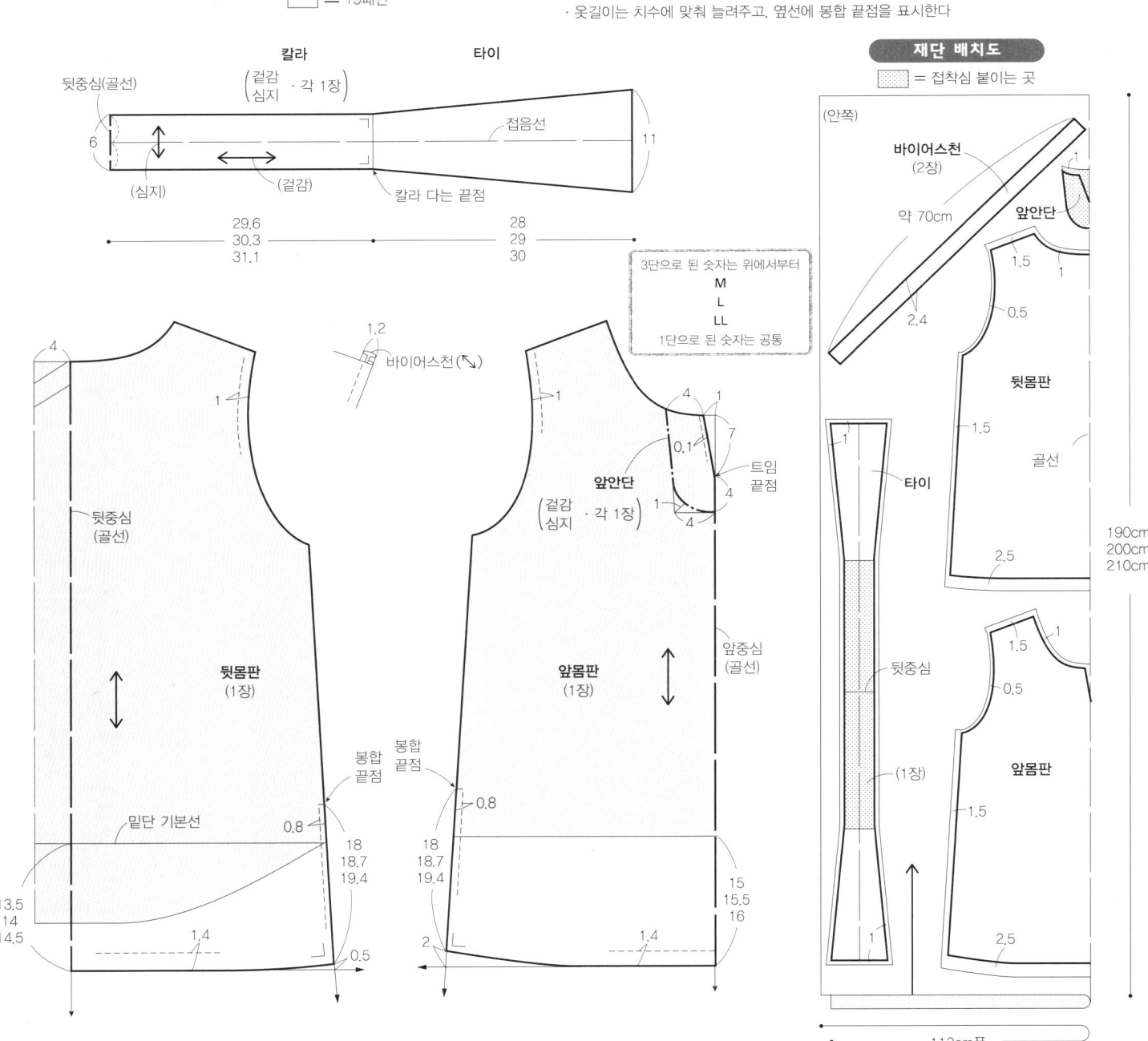

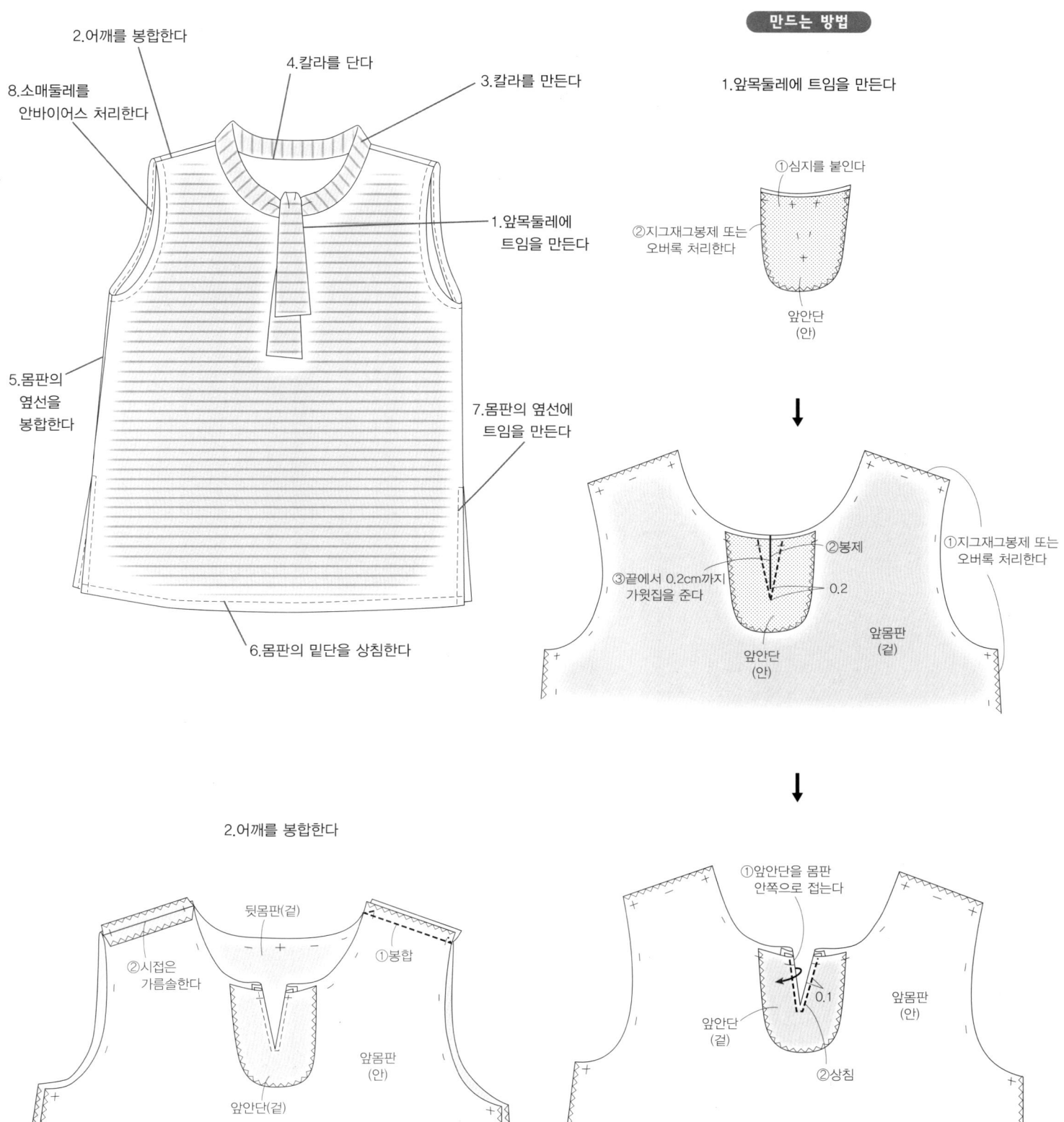

2.어깨를 봉합한다

4.칼라를 단다

3.칼라를 만든다

8.소매둘레를
안바이어스 처리한다

1.앞목둘레에
트임을 만든다

5.몸판의
옆선을
봉합한다

7.몸판의 옆선에
트임을 만든다

6.몸판의 밑단을 상침한다

1.앞목둘레에 트임을 만든다

①심지를 붙인다

②지그재그봉제 또는
오버록 처리한다

앞안단
(안)

②봉제

③끝에서 0.2cm까지
가윗집을 준다

0.2

①지그재그봉제 또는
오버록 처리한다

앞안단
(안)

앞몸판
(겉)

2.어깨를 봉합한다

뒷몸판(겉)

②시접은
가름솔한다

①봉합

앞안단(겉)

앞몸판
(안)

①앞안단을 몸판
안쪽으로 접는다

0.1

앞안단
(겉)

②상침

앞몸판
(안)

73

3.칼라를 만든다

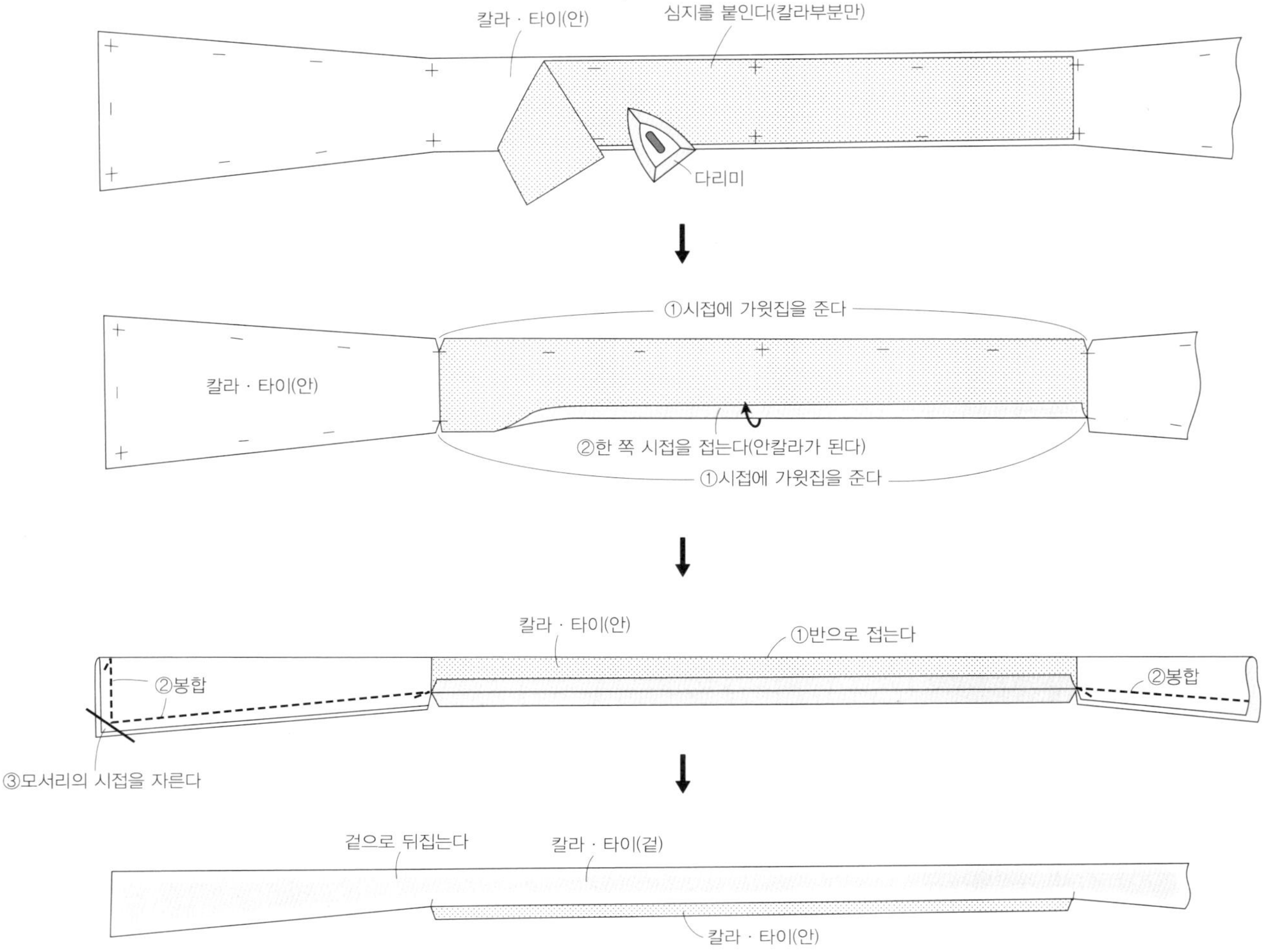

칼라 · 타이(안)   심지를 붙인다(칼라부분만)

다리미

①시접에 가윗집을 준다

칼라 · 타이(안)

②한 쪽 시접을 접는다(안칼라가 된다)

①시접에 가윗집을 준다

칼라 · 타이(안)   ①반으로 접는다

②봉합   ②봉합

③모서리의 시접을 자른다

겉으로 뒤집는다   칼라 · 타이(겉)

칼라 · 타이(안)

4.칼라를 단다

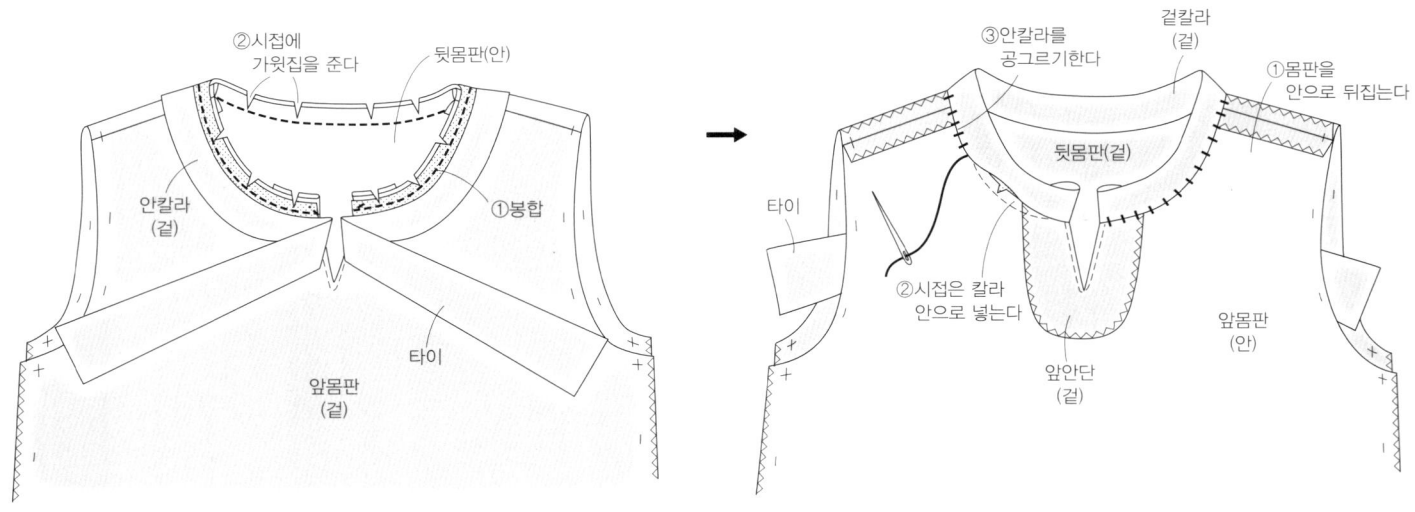

②시접에 가윗집을 준다   뒷몸판(안)

안칼라
(겉)

①봉합

타이

앞몸판
(겉)

③안칼라를 공그르기한다   겉칼라
(겉)

①몸판을 안으로 뒤집는다

타이

뒷몸판(겉)

②시접은 칼라 안으로 넣는다

앞안단
(겉)

앞몸판
(안)

5.몸판의 옆선을 봉합한다
6.몸판의 밑단을 상침한다

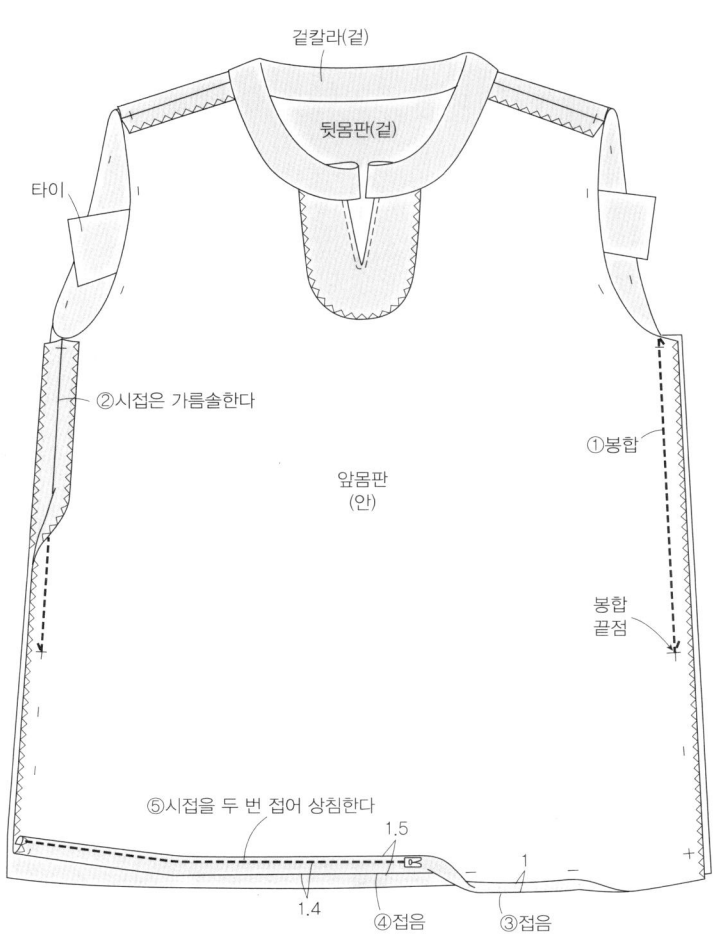

겉칼라(겉)

뒷몸판(겉)

타이

②시접은 가름솔한다

앞몸판
(안)

①봉합

봉합
끝점

⑤시접을 두 번 접어 상침한다

1.5

1.4

④접음

1

③접음

7.몸판의 옆선에 트임을 만든다

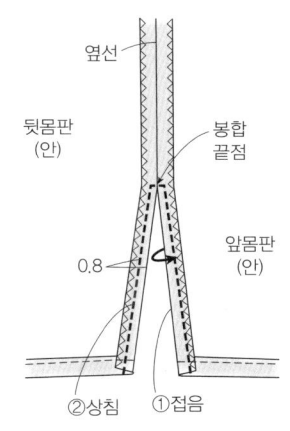

옆선

뒷몸판
(안)

봉합
끝점

앞몸판
(안)

0.8

②상침   ①접음

8.소매둘레를 안바이어스 처리한다

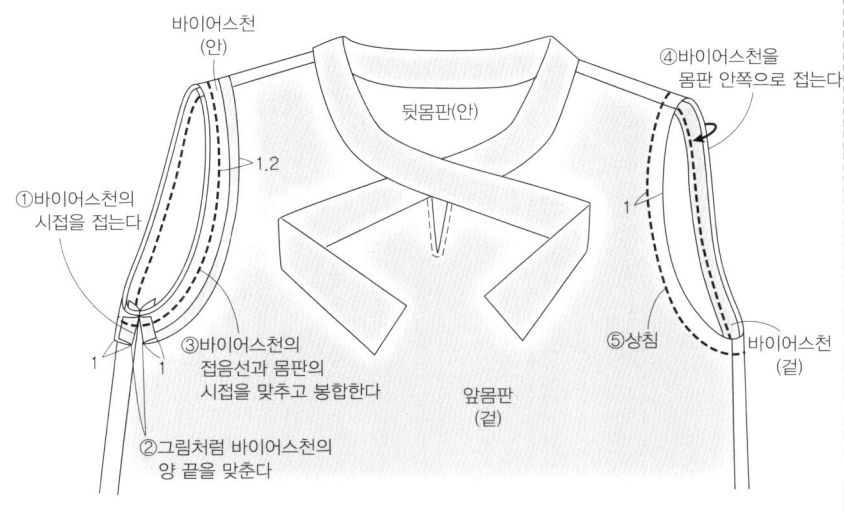

바이어스천
(안)

뒷몸판(안)

④바이어스천을
몸판 안쪽으로 접는다

①바이어스천의
시접을 접는다

1.2

③바이어스천의
접음선과 몸판의
시접을 맞추고 봉합한다

1

⑤상침

바이어스천
(겉)

②그림처럼 바이어스천의
양 끝을 맞춘다

앞몸판
(겉)

1

1

바이어스천 만드는 방법과 처리하는 방법

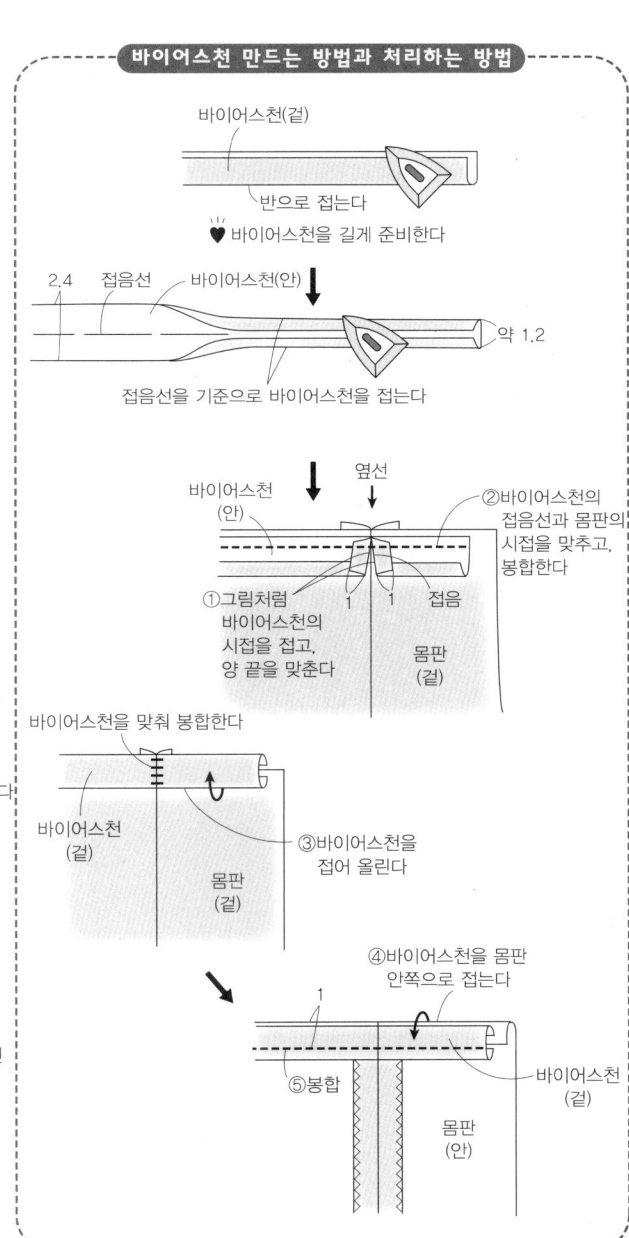

바이어스천(겉)

반으로 접는다

♥ 바이어스천을 길게 준비한다

2.4   접음선   바이어스천(안)

약 1.2

접음선을 기준으로 바이어스천을 접는다

바이어스천
(안)

옆선

②바이어스천의
접음선과 몸판의
시접을 맞추고,
봉합한다

①그림처럼
바이어스천의
시접을 접고,
양 끝을 맞춘다

접음

1   1

몸판
(겉)

바이어스천을 맞춰 봉합한다

바이어스천
(겉)

③바이어스천을
접어 올린다

몸판
(겉)

④바이어스천을 몸판
안쪽으로 접는다

1

⑤봉합

바이어스천
(겉)

몸판
(안)

23재료		M	L	LL
겉감(코튼린넨 시팅 프린트)	110cm폭	190cm	200cm	210cm
접착심	112cm폭		30cm	
완성 사이즈				
가슴 둘레		104cm	110cm	120cm
옷길이		58.5cm	61.5cm	64.5cm

실물크기 패턴

∗ 블라우스 패턴…B면 15패턴을 변형하여 사용한다. 앞안단은 B면 21패턴을 사용한다
· 패턴…no.15: 앞몸판, 뒷몸판, 소매, 뒤안단, no.21:앞안단
· no.15 앞안단 패턴은 사용하지 않는다
· 앞 · 뒤 안단에 접착심을 붙인다

패턴 수정 방법

· 블라우스는 응용된 작품이기 때문에 B면 15패턴을 수정하여 사용한다
· 앞몸판의 목둘레에 트임을 만든다
· 뒷몸판의 턱을 없애고, 뒷중심을 4cm 안쪽으로 이동한다
· 옷길이를 줄이고, 앞중심을 2cm 늘려준다

23패턴

□ = 15패턴
▨ = 21패턴

만드는 순서

∗ 만드는 방법은 P.66~67 no.21 참고

1.안단의 어깨를 봉합한다
2.몸판의 어깨를 봉합한다
3.몸판과 안단을 봉합한다
4.소매를 만든다
5.몸판의 옆선을 봉합한다
6.소매를 단다
7.몸판의 밑단을 상침한다

재단 배치도

▨ = 접착심 붙이는 곳

3단으로 된 숫자는 위에서부터
M
L
LL
1단으로 된 숫자는 공통

29 · 30재료		M	L	LL
29겉감(코튼 론 프린트)	110cm폭	210cm	230cm	240cm
접착심	112cm폭	80cm	80cm	85cm
단추	지름1.3cm		9개	
30겉감(코튼린넨 옥스퍼드)	150cm폭	160cm	170cm	180cm
접착심	112cm폭	75cm	80cm	80cm
단추	지름2.5cm		1개	
스냅단추	지름1.3cm		1쌍	
완성 사이즈				
가슴둘레		120cm	126cm	136cm
뒷중심길이		74.5cm	77cm	79.5cm
허리둘레		약 74cm	약 80cm	약 90cm
엉덩이둘레		100cm	106cm	116cm
스커트길이		62.5cm	65cm	67.5cm

실물크기 패턴

* 셔츠 패턴···B면 29패턴을 사용한다
 · 패턴···앞몸판, 뒷몸판, 소매, 뒤요크, 칼라, 커프스
 · 트임용 바이어스천은 원단에 직접 그려 재단한다
 · 겉 · 안의 칼라, 커프스, 앞몸판 앞끝의 시접에 접착심을 붙인다

* 스커트 패턴···A면 20 · 30패턴을 사용한다
 · 패턴···앞스커트, 뒷스커트, 앞안단, 뒤안단, 오른쪽 앞끝 안단
 · 앞 · 뒤안단에 접착심을 붙인다

30패턴

☐ = 20 · 30패턴

* no.30의 만드는 순서, 만드는 방법은 P.69~71 no.20과 동일합니다

29패턴

☐ = 29패턴

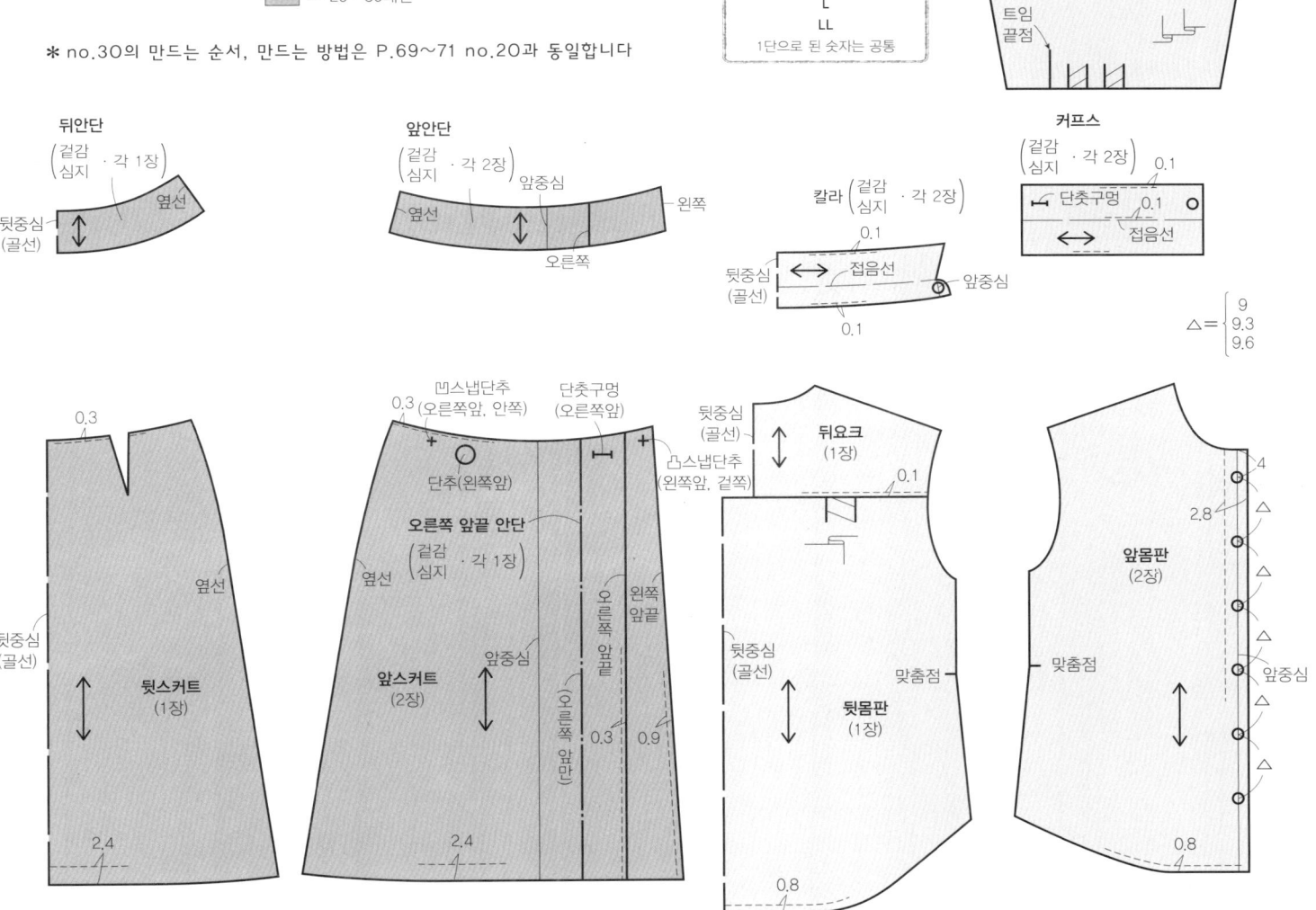

= 접착심 붙이는 곳

트임용 바이어스천(2장)

15

2.5

1.5

소매
(2장)

골선

1

1

1

1

커프스
(2장)

1

1.5

1.5

앞몸판
(2장)

4

앞중심

1.5

1.5

2

1

뒤요크

1

칼라(2장)

뒷중심

뒷몸판

1.5

2

210cm
230cm
240cm

112cm폭

= 접착심 붙이는 곳

골선

1

1.5

뒷스커트

3.5

왼쪽 앞안단

1

1

앞중심

1

1

뒤안단

뒷중심

(안쪽)

160cm
170cm
180cm

※ 왼쪽 앞스커트, 오른쪽 앞안단,
왼쪽 앞안단. 오른쪽 앞끝 안단의
패턴은 스커트와 대칭이 되도록
배치합니다.

원단을 자르고. 접는 방향을 바꾼다

(겉쪽)

1.5

1

앞중심

오른쪽
앞스커트

3.5

오른쪽 앞안단

1

앞중심

오른쪽 앞끝
안단

1

2

앞중심

왼쪽
앞스커트

1

1.5

3.5

150cm폭

29셔츠 만드는 순서

4.어깨를 봉합한다

5.칼라를 만들어 단다

8.소매를 단다

7.소맷부리의 턱을 접는다

3.앞끝을
상침한다

6. 소맷부리에 트임을 만든다

9.소매 아래와 옆선을
한 번에 이어서 봉합한다

12.몸판에 단춧구멍을
만들고, 단추를 단다

11.커프스를 만들어 단다

10.몸판의 밑단을 상침한다

2.뒷몸판과 뒤요크를 봉합한다

뒤

1.뒷몸판의 턱을 접는다

29셔츠 만드는 방법

1.뒷몸판의 턱을 접는다

③시접에 고정봉합한다

②턱을 접는다

뒷몸판(겉)

①지그재그봉제 또는
오버록 처리한다

2.뒷몸판과 뒤요크를 봉합한다

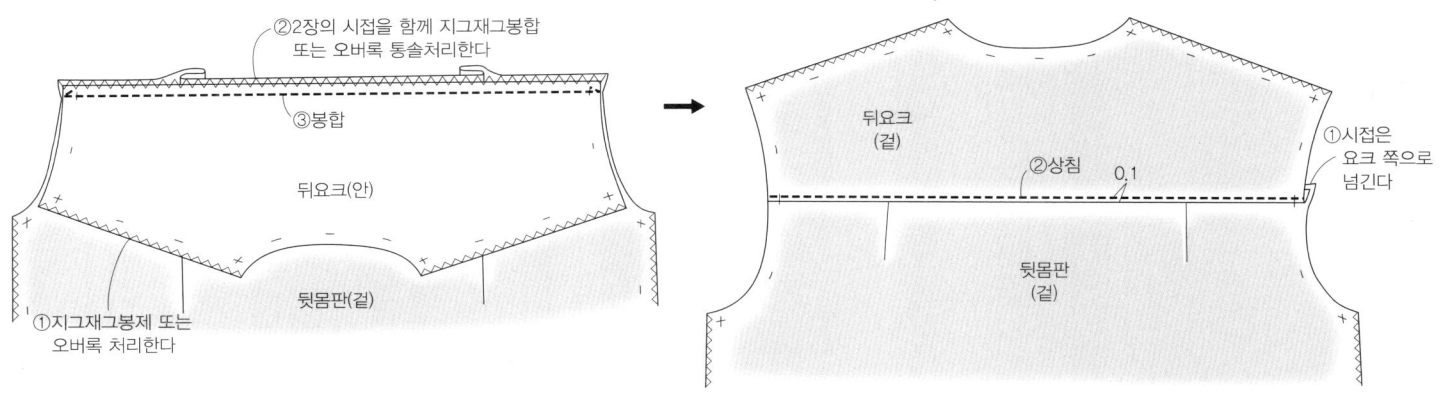

②2장의 시접을 함께 지그재그봉합
또는 오버록 통솔처리한다

③봉합

뒤요크(안)

뒷몸판(겉)

①지그재그봉제 또는
오버록 처리한다

뒤요크
(겉)

②상침 0.1

①시접은
요크 쪽으로
넘긴다

뒷몸판
(겉)

3.앞끝을 상침한다

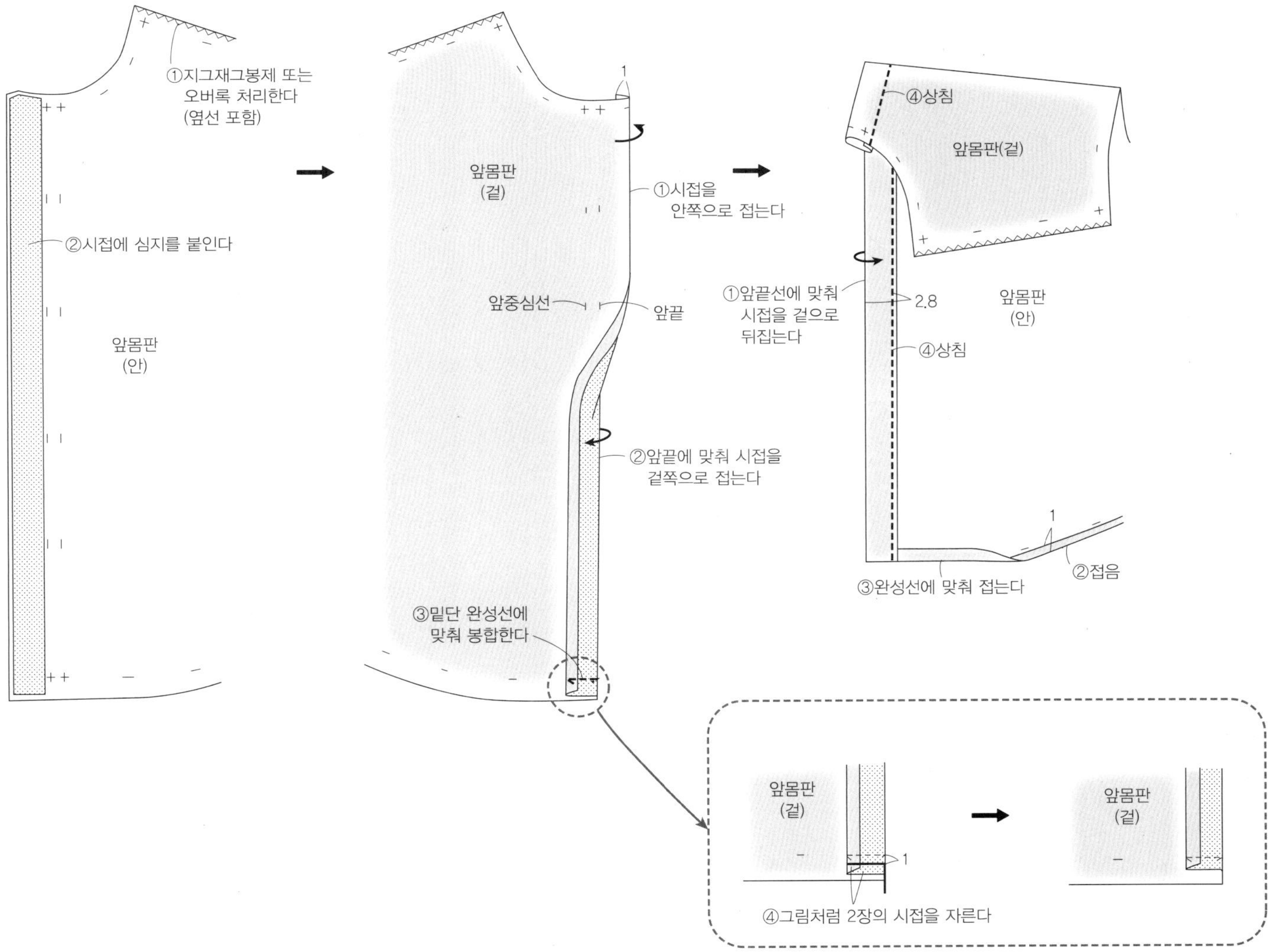

①지그재그봉제 또는
오버록 처리한다
(옆선 포함)

②시접에 심지를 붙인다

앞몸판
(안)

앞몸판
(겉)

앞중심선

앞끝

1

①시접을
안쪽으로 접는다

②앞끝에 맞춰 시접을
겉쪽으로 접는다

③밑단 완성선에
맞춰 봉합한다

④상침

앞몸판(겉)

①앞끝선에 맞춰
시접을 겉으로
뒤집는다

2.8

④상침

앞몸판
(안)

1

②접음

③완성선에 맞춰 접는다

앞몸판
(겉)

1

앞몸판
(겉)

④그림처럼 2장의 시접을 자른다

4.어깨를 봉합한다

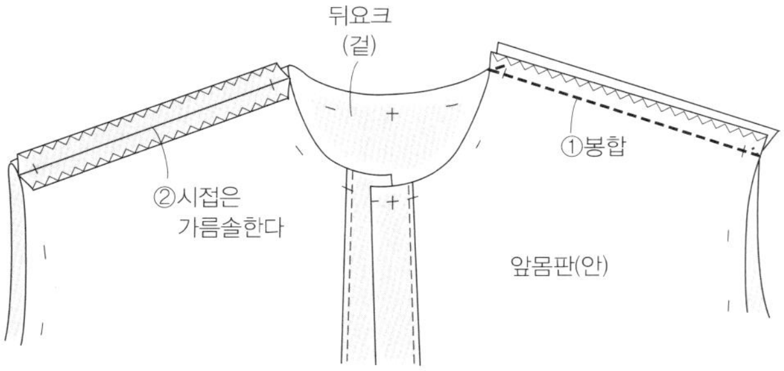

뒤요크
(겉)

①봉합

②시접은
가름솔한다

앞몸판(안)

겉칼라(겉)
0.1
③상침

①시접은
칼라 안으로
넣는다

0.1
②상침

앞몸판
(안)

뒷몸판
(안)

5.칼라를 만들어 단다

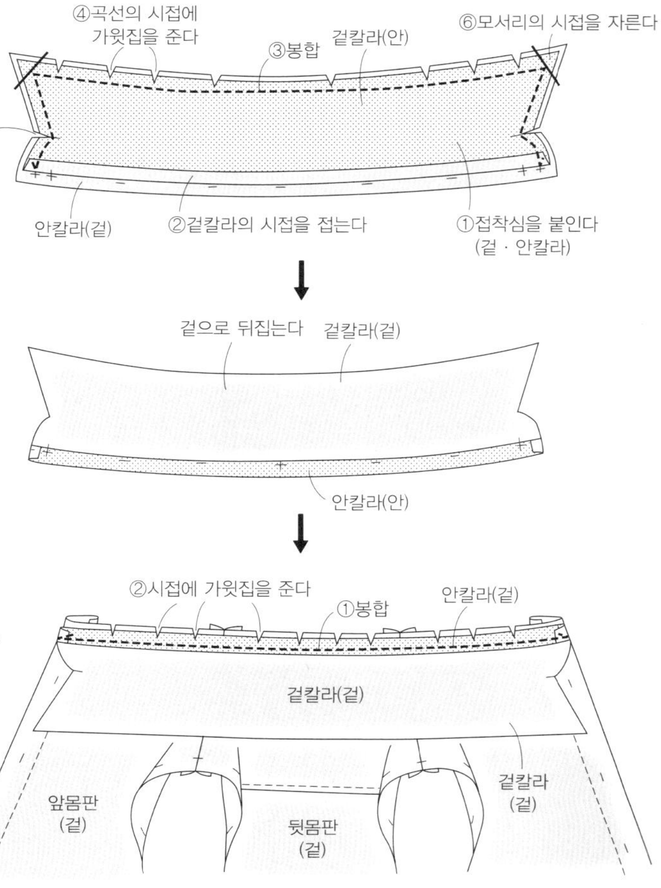

④곡선의 시접에
가윗집을 준다

③봉합

겉칼라(안)

⑥모서리의 시접을 자른다

⑤모서리의
시접을 자른다

안칼라(겉)

②겉칼라의 시접을 접는다

①접착심을 붙인다
(겉·안칼라)

겉으로 뒤집는다   겉칼라(겉)

안칼라(안)

②시접에 가윗집을 준다

①봉합

안칼라(겉)

겉칼라(겉)

앞몸판
(겉)

뒷몸판
(겉)

겉칼라
(겉)

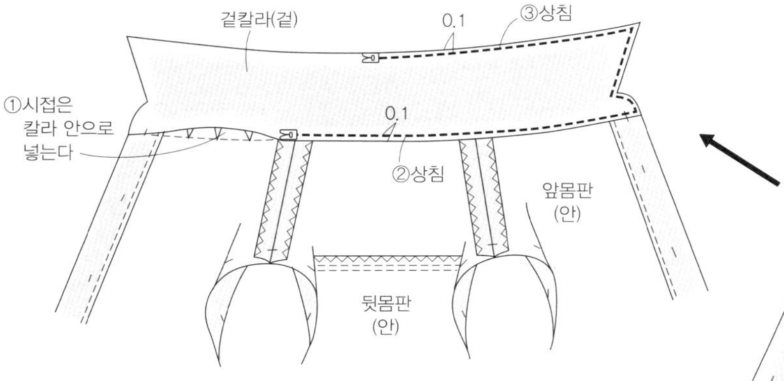

6.소맷부리에 트임을 만든다

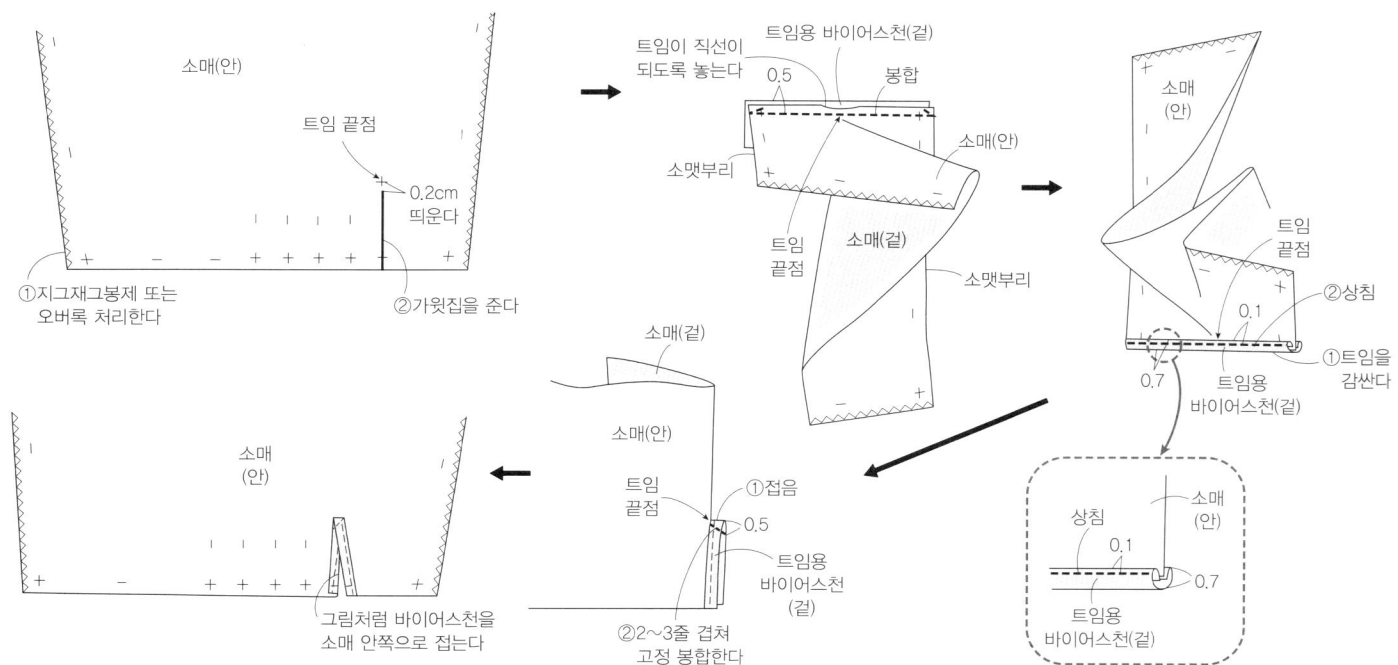

소매(안)

트임 끝점

0.2cm
띄운다

①지그재그봉제 또는
오버록 처리한다

②가윗집을 준다

트임이 직선이
되도록 놓는다

트임용 바이어스천(겉)

0.5

봉합

소맷부리

소매(안)

트임
끝점

소매(겉)

소맷부리

소매
(안)

트임
끝점

②상침

0.1

0.7

①트임을
감싼다

트임용
바이어스천(겉)

소매(겉)

소매(안)

트임
끝점

①접음

0.5

트임용
바이어스천
(겉)

②2~3줄 겹쳐
고정 봉합한다

소매
(안)

그림처럼 바이어스천을
소매 안쪽으로 접는다

상침

소매
(안)

0.1

0.7

트임용
바이어스천(겉)

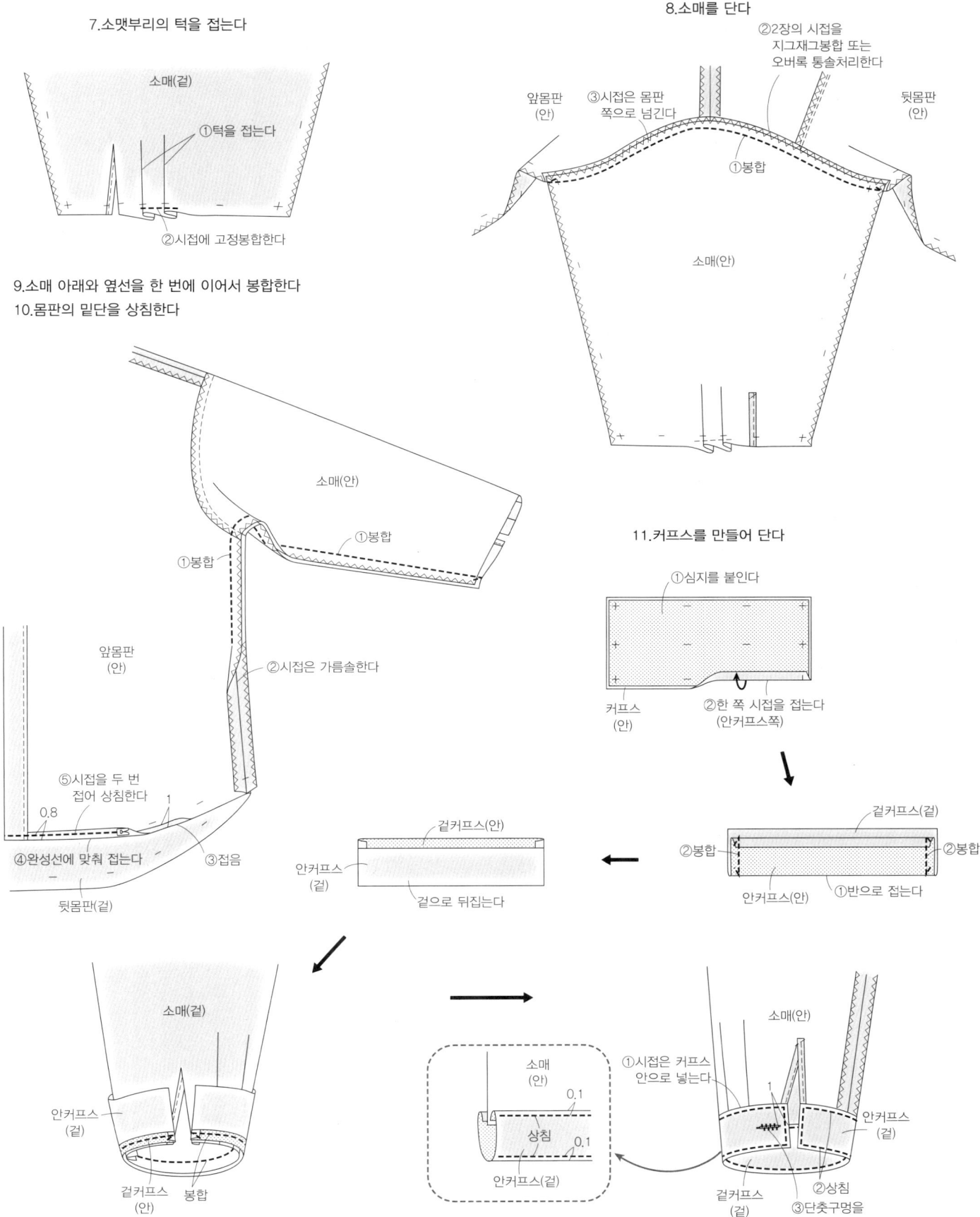

7.소맷부리의 턱을 접는다

소매(겉)

①턱을 접는다

②시접에 고정봉합한다

8.소매를 단다

②2장의 시접을
지그재그봉합 또는
오버록 통솔처리한다

앞몸판
(안)

③시접은 몸판
쪽으로 넘긴다

뒷몸판
(안)

①봉합

소매(안)

9.소매 아래와 옆선을 한 번에 이어서 봉합한다
10.몸판의 밑단을 상침한다

소매(안)

①봉합

①봉합

②시접은 가름솔한다

앞몸판
(안)

⑤시접을 두 번
접어 상침한다

0.8   1

④완성선에 맞춰 접는다

③접음

뒷몸판(겉)

11.커프스를 만들어 단다

①심지를 붙인다

커프스
(안)

②한 쪽 시접을 접는다
(안커프스쪽)

겉커프스(겉)

②봉합   ②봉합

안커프스(안)

①반으로 접는다

겉커프스(안)

안커프스
(겉)

겉으로 뒤집는다

소매(겉)

안커프스
(겉)

겉커프스
(안)

봉합

소매
(안)

0.1

상침

0.1

안커프스(겉)

①시접은 커프스
안으로 넣는다

소매(안)

안커프스
(겉)

겉커프스
(겉)

②상침

③단춧구멍을
만든다

27재료		M	L	LL
겉감(코튼 타이프라이터)	110cm폭	330cm	350cm	360cm
접착심	112cm폭	110cm	115cm	120cm
단추	지름1.3cm		12개	
완성 사이즈				
가슴둘레		120cm	126cm	136cm
옷길이		111.5cm	115cm	118.5cm

실물크기 패턴

＊ 셔츠 원피스 패턴…B면 29패턴을 변형하여 사용한다
· 주머니천의 패턴은 B면 27패턴을 사용한다
· 패턴…no.27:주머니천, no.29:앞몸판, 뒷몸판, 뒤요크, 소매, 칼라, 커프스
· 트임용 바이어스천과 허리벨트는 아래의 치수를 참고하여 직접 제도하여 사용한다
· 겉 · 안 칼라, 커프스, 앞끝의 시접에 접착심을 붙인다

패턴 수정 방법

· 원피스는 응용된 작품이기 때문에 B면 no.29 패턴을 수정하여 사용한다
· 옷길이를 치수에 맞춰 늘리고, 옆선에 주머니 입구를 표시한다

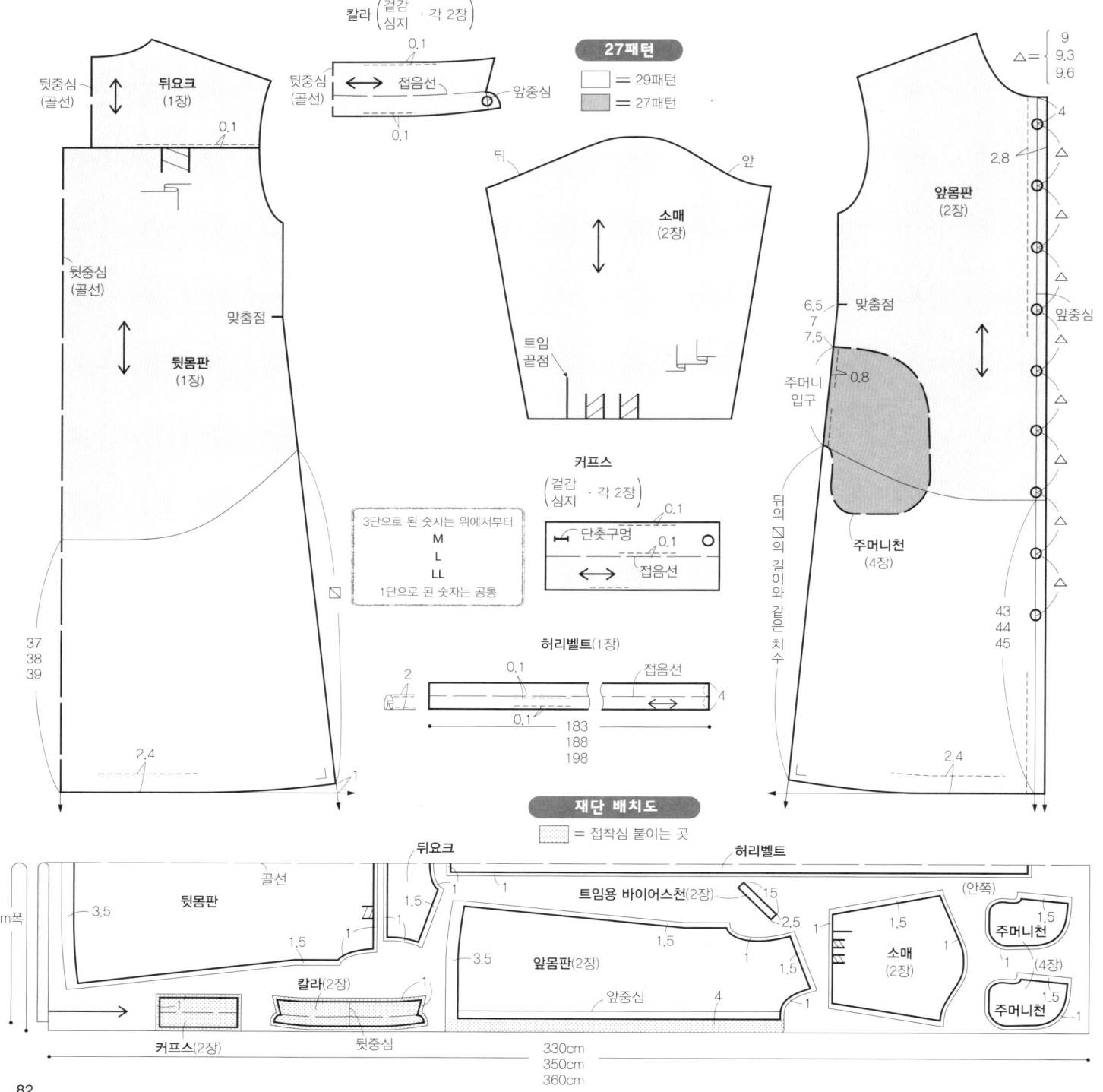

27패턴
□ = 29패턴
▨ = 27패턴

3단으로 된 숫자는 위에서부터
M
L
LL
1단으로 된 숫자는 공통

재단 배치도
▨ = 접착심 붙이는 곳

＊만드는 방법은 p.78~81의 1~8, 11 no.29 참고

9.주머니를 만들고 소매 아래와 옆선을 한 번에 이어서 봉합한다

뒷몸판
(겉)

①지그재그봉제 또는
오버록 처리한다

앞몸판
(겉)

②봉합

주머니입구

주머니입구

주머니천
(안)

주머니천
(안)

소매(안)

②봉합

앞몸판
(안)

②봉합

①주머니천의 시접은 함께
봉합하지 않도록 젖혀둔다

주머니천
(안)

주머니
입구

②봉합

①주머니천은 함께 봉합하지
않도록 꺼내둔다

뒷몸판
(겉)

앞몸판(안)

뒷몸판(안)

0.8

②봉합

주머니입구

주머니천
(겉)

①시접은 가름솔한다

뒷몸판(겉)

③뒷몸판은 젖혀둔다

②시접쪽에
한 번 더
봉합한다

0.2

①봉합

0.5

④주머니천의 시접을
뒷몸판 시접에 고정
봉합한다

주머니천
(안)

앞몸판
(안)

12.허리벨트를 만든다

2.뒷몸판과 뒤요크를 봉합한다

4.어깨를 봉합한다

뒤

1.뒷몸판의 턱을 접는다

5.칼라를 만들어 단다

7.소맷부리의 턱을 접는다

8.소매를 단다

6.소맷부리에
트임을 만든다

3.앞끝을 상침한다

9.주머니를 만들고,
소매 아래와 옆선을
한 번에 이어서 봉합한다

12.몸판에 단춧구멍을
만들고, 단추를 단다

11.커프스를 만들어 단다

10.몸판의 밑단을 상침한다
※p.71의 5.밑단 처리 참고

12.허리벨트를 만든다

시접을 접는다

허리벨트(안)

허리벨트(안)

시접을 접는다

①반으로 접는다

0.1

허리벨트(겉)

0.1

②상침

83

14재료		M	L	LL
겉감(린넨 믹스 트위드)	170cm폭	120cm	130cm	140cm
접착심	112cm폭	60cm	65cm	70cm
스프링 단추(大)		1쌍		
완성 사이즈				
가슴둘레		108cm	114cm	124cm
옷길이		52.5cm	55.2cm	57.9cm

실물크기 패턴

＊ 카디건 패턴…A면 1패턴을 변형하여 사용한다
· 패턴…앞몸판, 뒷몸판
· 칼라 패턴은 사용하지 않는다
· 앞 · 뒤안단에 접착심을 붙인다

패턴 수정 방법

· 카디건은 응용된 작품이기 때문에 A면 1패턴을 수정하여 사용한다
· 앞목둘레를 V모양으로 수정하고, 앞중심을 완성선으로 한다
· 앞 · 뒤안단 패턴은 아래의 치수를 참고하여 직접 제도하여 사용한다
· 옷길이는 치수에 맞춰 줄여준다

14패턴

▢ = 1패턴

3단으로 된 숫자는 위에서부터
M
L
LL
1단으로 된 숫자는 공통

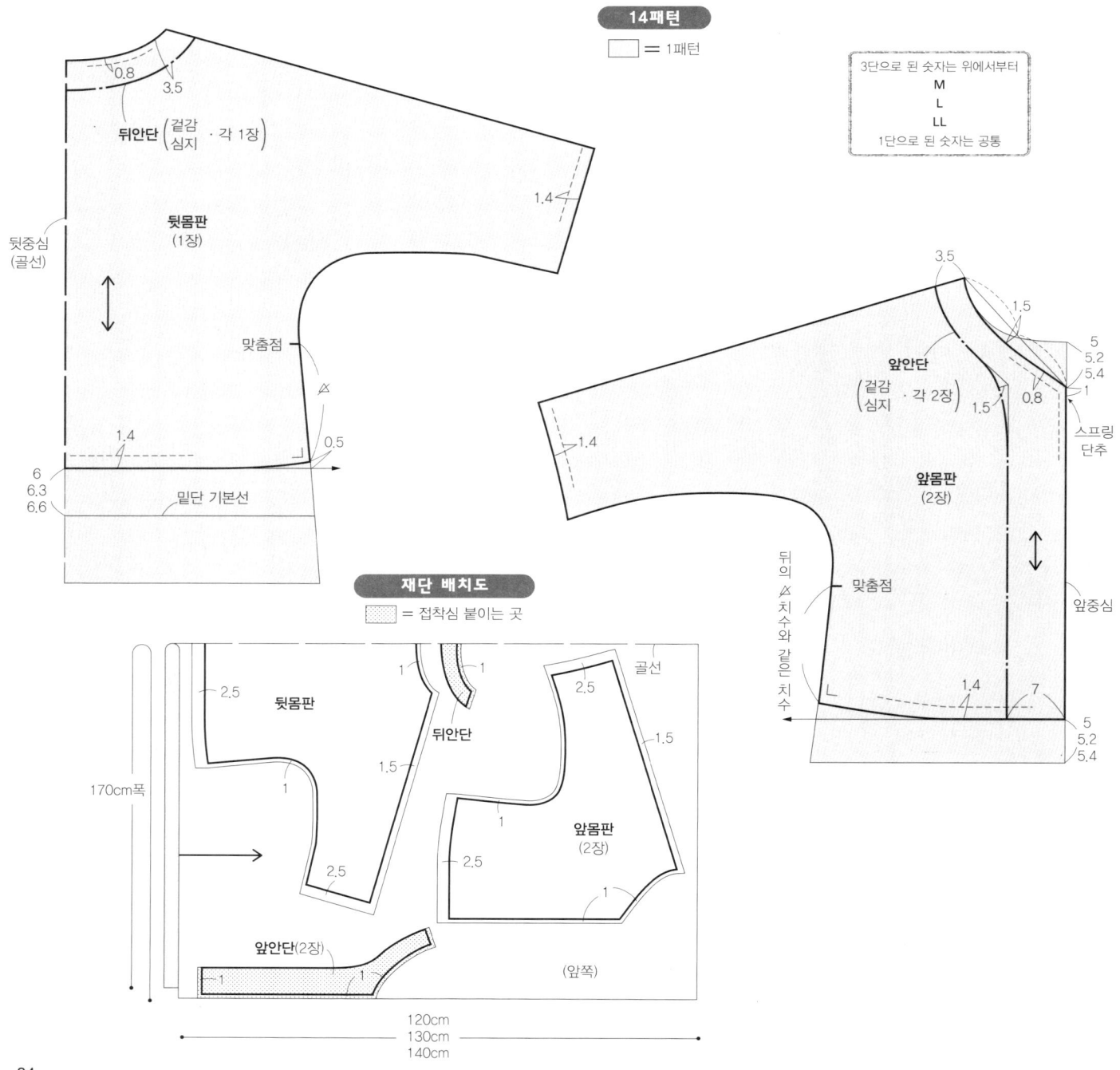

재단 배치도

▨ = 접착심 붙이는 곳

1.몸판의 어깨를 봉합한다

뒷몸판
(겉)

②봉합

③시접은 가름솔한다

①지그재그봉제 또는
오버록 처리한다

앞몸판
(안)

②지그재그봉제 또는
오버록 처리한다

2.안단의 어깨를 봉합한다

①심지를 붙인다

앞안단(안)

②지그재그봉제 또는
오버록 처리한다

뒤안단
(겉)

시접은 가름솔한다

봉합

앞안단(안)

앞안단(안)

♥ 뒤안단도 같은 방법으로 만든다

만드는 순서

1.몸판의 어깨를 봉합한다
2.안단의 어깨를 봉합한다

3.몸판과 안단을 봉합한다

7.스프링단추를 단다
(P.88 참고)

6.소맷부리를 상침한다

4.몸판의 옆선을 봉합한다

4.몸판의 옆선을 봉합한다
5.몸판의 밑단을 상침한다
6.소맷부리를 상침한다

5.몸판의 밑단을 상침한다

3.몸판과 안단을 봉합한다

뒷몸판(겉)

뒤안단(안)

앞몸판(겉)

②시접에
가윗집을 준다

①봉합

앞안단(안)

①봉합

④모서리의 시접을 자른다

1.5

③그림처럼 앞몸판의 시접을 자른다

④상침 0.8

뒷몸판(겉)

앞안단
(겉)

③안단을
접는다

앞몸판(안)

⑧시접을 두 번
접어 상침한다 1.4

①봉합

②시접은 가름솔한다

⑦시접을 두 번
접어 상침한다

1.5

1.4 ⑥접음 1 ⑤접음

몸판(안)

1.5

시접을 두 번 1.4
접어 상침한다

1

31재료		M	L	LL
겉감(니트)	160cm폭	240cm	260cm	270cm
접착심	112cm폭	110cm	115cm	120cm
후크(大)			1쌍	
완성 사이즈				
가슴둘레		108cm	114cm	124cm
옷길이		98cm	102cm	106cm

실물크기 패턴

＊ 패턴…몸판은 A면 1패턴을 변형하여 사용한다. 주머니천은 A면 31패턴을 사용한다
· 패턴…no.1: 앞몸판, 뒷몸판, no.31:주머니천
· 칼라 패턴은 사용하지 않는다
· 허리벨트는 아래의 치수를 참고하여 직접 제도하여 사용한다
· 앞·뒤안단, 몸판의 주머니 입구의 시접에 접착심을 붙인다

패턴 수정 방법

· 롱카디건은 응용된 작품이기 때문에 A면 1패턴을 수정하여 사용한다
· 앞목둘레를 V모양으로 수정하고, 앞중심을 완성선으로 한다
· 앞·뒤안단은 아래의 치수를 참고하여 직접 제도하여 사용한다
· 몸판의 옆선에 주머니 입구를 표시한다
· 옷길이는 치수에 맞춰 늘려준다

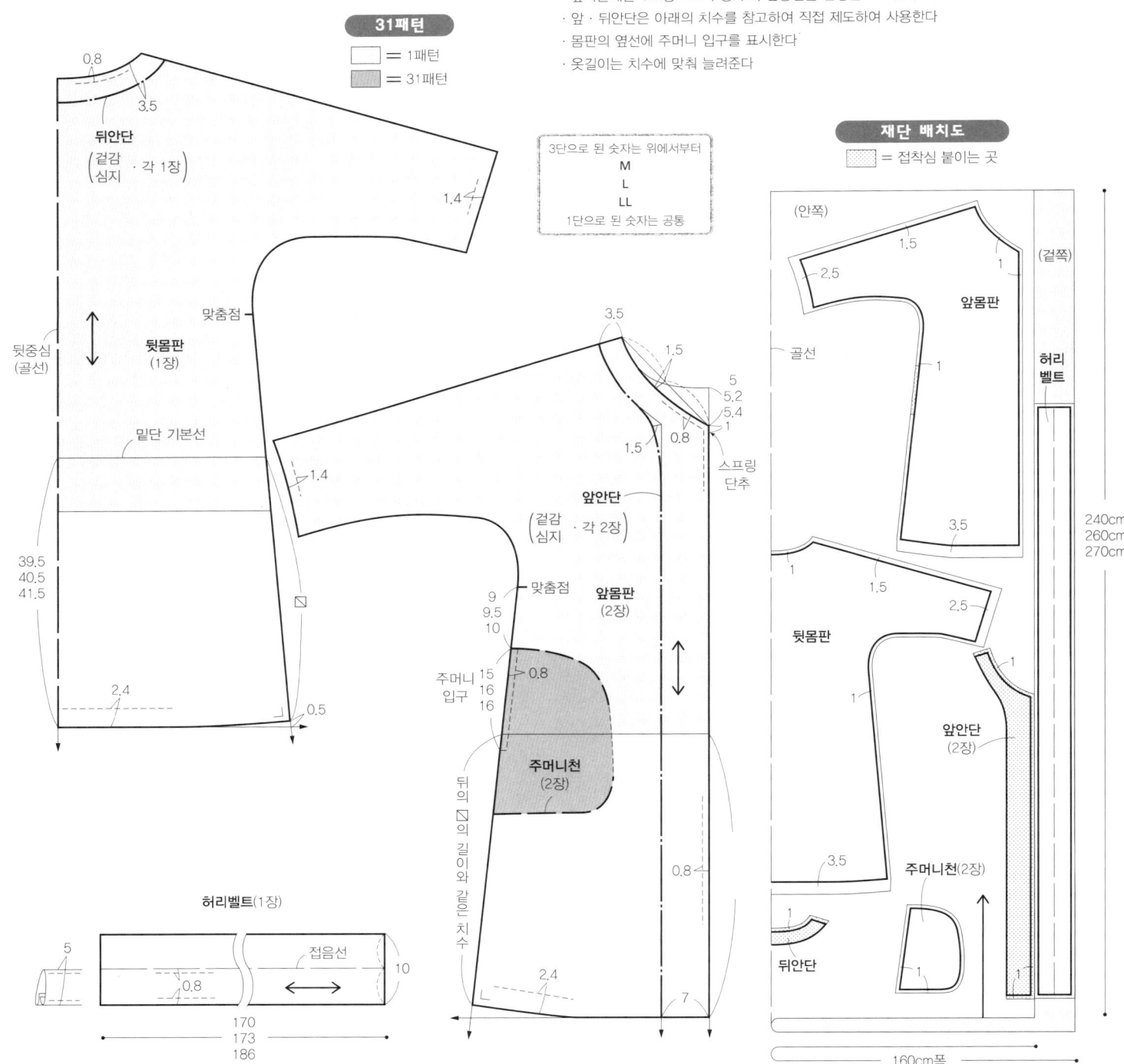

10.허리벨트를 만든다
(P.57 참고)

9.후크를 단다

만드는 순서

3.몸판과 안단을 봉합한다

1.몸판의 어깨를 봉합한다
2.안단의 어깨를 봉합한다

8.소맷부리를 상침한다

6.주머니를 만든다

4.뒷몸판의 옆선에
주머니천을 단다

5.몸판의 옆선을 봉합한다

7.몸판의 밑단을 상침한다

만드는 방법

＊ 만드는 방법은 P.84~85의 1~3 no.14 참고

3.몸판과 안단을 봉합한다

뒷몸판
(겉)

뒤안단(안)

①봉합
②시접에
가윗집을 준다

앞몸판
(겉)

앞안단
(안)

③모서리의
시접을 자른다

①봉합

①봉합

⑤모서리의 시접을 자른다

1.5

④그림처럼 앞몸판의
시접을 자른다

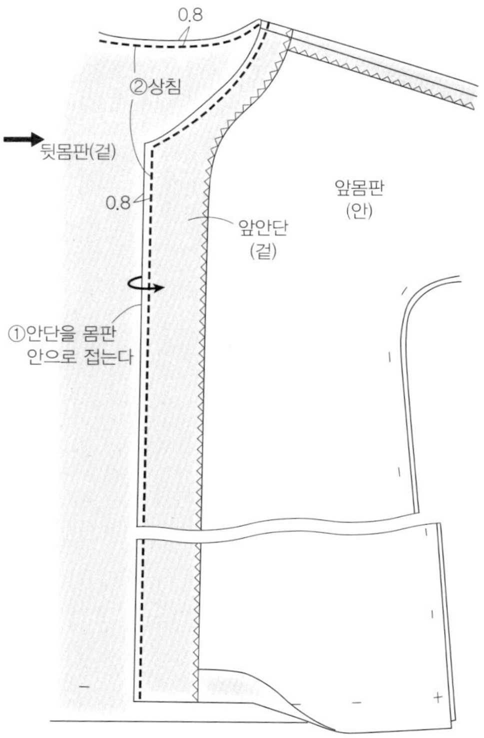

0.8

②상침

뒷몸판(겉)

0.8

앞안단
(겉)

앞몸판
(안)

①안단을 몸판
안으로 접는다

87

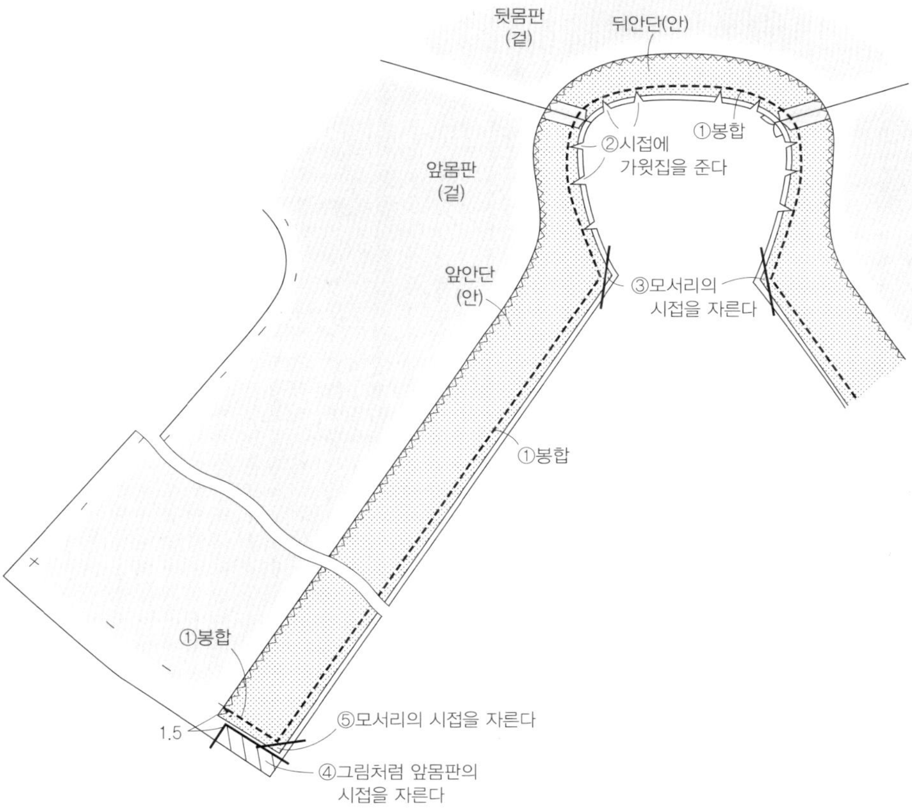

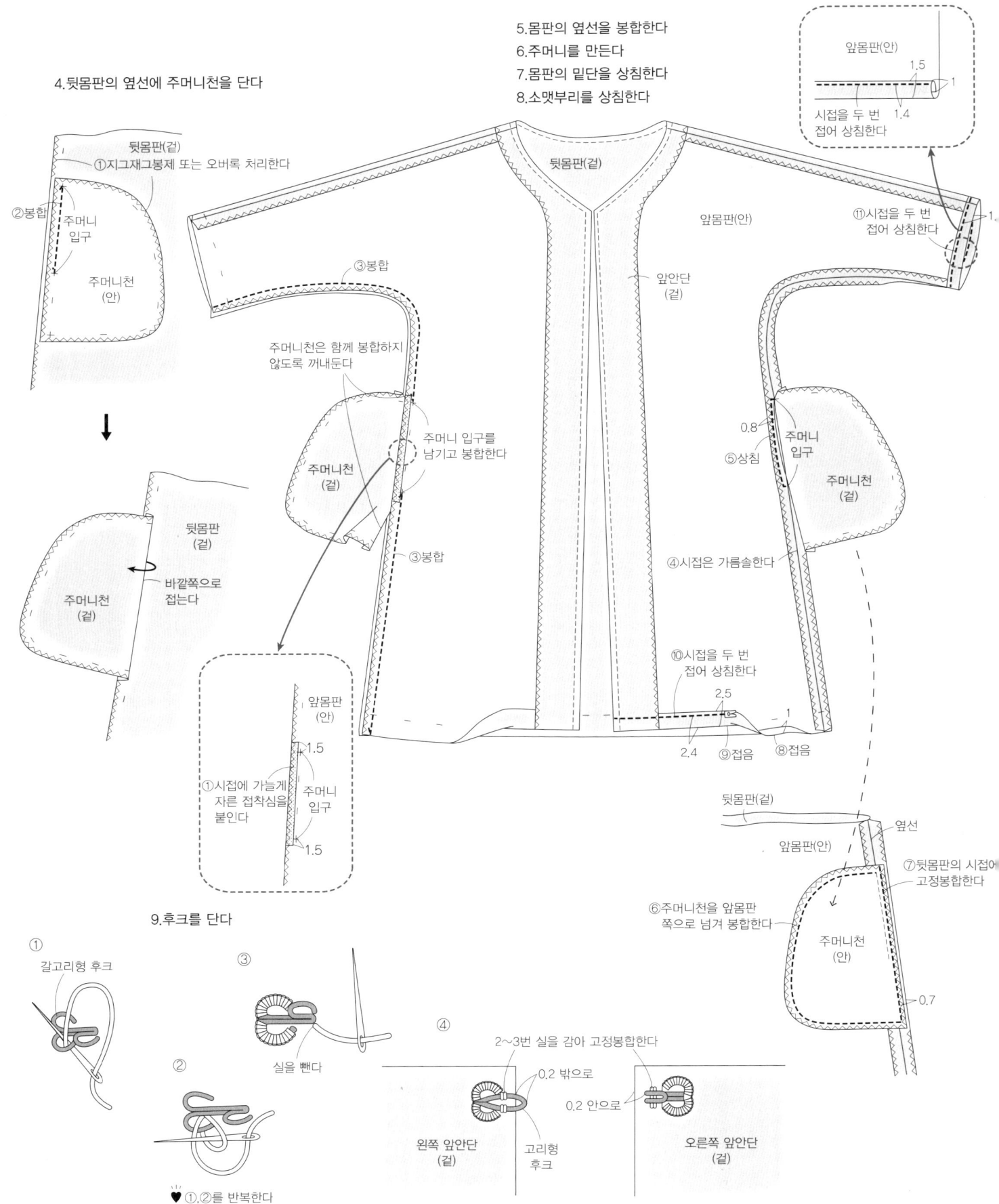

4.뒷몸판의 옆선에 주머니천을 단다

5.몸판의 옆선을 봉합한다
6.주머니를 만든다
7.몸판의 밑단을 상침한다
8.소맷부리를 상침한다

앞몸판(안)
1.5
1
시접을 두 번
접어 상침한다
1.4

뒷몸판(겉)
①지그재그봉제 또는 오버록 처리한다
②봉합
주머니
입구
주머니천
(안)

뒷몸판(겉)

앞몸판(안)

⑪시접을 두 번
접어 상침한다
1

③봉합

주머니천은 함께 봉합하지
않도록 꺼내둔다

주머니 입구를
남기고 봉합한다

주머니천
(겉)

③봉합

앞안단
(겉)

0.8
주머니
입구
⑤상침
주머니천
(겉)

뒷몸판
(겉)

바깥쪽으로
접는다

주머니천
(겉)

④시접은 가름솔한다

앞몸판
(안)

①시접에 가늘게
자른 접착심을
붙인다

1.5
주머니
입구
1.5

⑩시접을 두 번
접어 상침한다
2.5
1
2.4 ⑨접음 ⑧접음

뒷몸판(겉)

옆선

앞몸판(안)

⑦뒷몸판의 시접에
고정봉합한다

⑥주머니천을 앞몸판
쪽으로 넘겨 봉합한다

주머니천
(안)

0.7

9.후크를 단다

①
갈고리형 후크

②

♥ ①,②를 반복한다

③

실을 뺀다

④

2~3번 실을 감아 고정봉합한다

0.2 밖으로

0.2 안으로

왼쪽 앞안단
(겉)

고리형
후크

오른쪽 앞안단
(겉)

평범한 듯 특별한

핸드메이드 여성복

일본 부띠끄사 편집부 저

초판 1쇄 인쇄 2016년 09월 02일
초판 1쇄 발행 2016년 09월 09일

발행인   정용효
기획 / 제작   오하나 현보경
번역   손수현
편집   최지선
인쇄   미래인쇄

신고번호   제2016-000002호
신고일자   2016년 01월 26일
발행처   주)핸디스 소잉스토리
            광주광역시 북구 서암대로 133 (신안동), 3층
대표전화   062_513_8957
팩스   062_522_8827
문의전화   070_8893_9218
홈페이지   www.sewingstory.com
ISBN   979-11-957991-4-5 13590
판매가   15,000원

STAFF

편집   高橋ひとみ, 北脇美秋
감수   関口恭子
촬영   中島繁樹
헤어 & 메이크업   三輪昌子
모델   樹里亜, micari
북 디자인   八木孝枝 （スタジオダンク）
패턴 트레이스   榊原良一
패턴 편집   山科文子

Lady Boutique Series No.4147 Tsukutte → Kimawasu Otona no Mainichi Fuku
Copyright ⓒ BOUTIQUE-SHA 2016 All rights reserved.
Original Japanese edition published in Japan by BOUTIQUE-SHA.
Korean translation rights arranged with BOUTIQUE-SHA through DAIJO CRAFT
CORP.

이 책의 한국어판 저작권은 BOUTIQUE-SHA와의 독점 계약으로 주)핸디스에 있습니다.
신저작권법에 의해 한국 내에서 보호를 받는 저작물이므로 무단전재와 무단 복제를 금
합니다.

의상소잉DIY 전문쇼핑몰
패션스타트

1 소잉생활이 더욱 즐거워지는 곳!

국내상품, 수입상품, 개발상품 등 내가 원하는 종류의
원단, 부자재, 패턴, 서적, 미싱 상품들이 가득!

2 쇼핑의 즐거움이 가득한 곳!

다양한 무료혜택과 수준높은 서비스,
알뜰 이벤트가 365일 진행되는 쇼핑몰!

3 만족, 행복, 신뢰, 가치, 즐거움!

대한민국을 대표하는 패션DIY
전문 쇼핑몰 패션스타트의 약속입니다.

의상전문 교육과정과 미싱교육, 소잉상품으로 전문화된 '패션스타트NCC' 전국 대리점에서도 만나보실 수 있습니다.

검색창에  을 쳐보세요.   www.fashionstart.net   고객센터 1644-8957

베이비/ 아동/ 성인 **의상 소잉 DIY 전문멀티샵**

"패션스타트NCC 대리점"

세심하고 체계적인 단계별 교육과정을 통하여 의상소잉에 대한 자신감과 소잉실력,
더 나아가 내가 원하는 의상작품을 스스로 제작하며 소잉의 진정한 즐거움과 가치를 전하는 패션스타트NCC 대리점입니다.

- 의상 소잉 DIY 전문 멀티숍 패션스타트NCC 전국 대리점 -

지역	지점	연락처	지역	지점	연락처
서울지역	서울 둔촌점	02-488-7080	전라지역	광주 첨단점	062-973-6314
경인지역	김포 장기점	031-981-7971		광주 동천점	062-385-6055
	평택 안중점	031-684-3489		광주 금호점	062-651-3557
	인천 청라점	032-563-3027		전주 효자점	063-223-3609
경상지역	구미 봉곡점	054-442-4001			
	김해 장유점	070-8835-1019			
	경주 황성점	054-776-5008			

패션스타트NCC 대리점에 관한 개설문의는 패션스타트(www.fashoinstart.net) 또는
NCC미싱(www.nccmising.com) 사이트를 통하여 하실 수 있습니다.

 Fashion Start

Natural Sewing Life

Simple  Sewing

심플소잉NCC

미남역점 741-3887

용인 신봉점 264-3769

Natural Sewing Life

심플소잉NCC

부산 미남역점

용인 신봉점

내 삶의 즐거움과 행복을 더해주는 심플소잉NCC 대리점

서울지역   서울 방배점 02-6339-2223

경인지역   인천 센트럴파크점 032-777-0709, 화성 동탄점 070-4190-3830, 분당 정자점 031-711-0015,
용인 동백점 070-8820-8922, 용인 신봉점 031-264-3769, 안양 평촌점 070-8683-8053,
부천 상동점 070-7641-0305, 수원 영통점 031-273-9411, 수원 권선점 070-4106-7793,
평택 소사벌점 031-651-7794

충청지역   천안 두정점 070-4078-9135, 청주 가경점 043-232-0306, 청주 용암점 043-900-3579,
충남 당진점 070-4104-9320, 충주 교현점 043-856-9910, 대전 탄방점 042-487-8265,
대전노은점 070-7776-5337, 천안 신방점 041-579-7275, 아산 배방점 041-532-5476

경상지역   대구 죽전점 053-201-0060, 부산 미남역점 051-741-3887, 부산 정관점 051-728-4159,
부산 화명점 051-365-1591, 울산 남구점 052-271-1188, 울산 화정점 052-234-2194,
울산 성안점 052-248-8671, 포항 북부점 054-615-4004, 창원 남양점 055-263-5662,
안동 북문점 054-852-5662, 경주 노서점 054-771-6349

전라지역   광주 충장점 062-225-5662, 광주 수완점 062-653-2335, 순천 장천점 061-900-9965,
목포 하당점 061-287-8155, 군산 지곡점 063-468-6338

강원, 제주지역   제주시 제주점 064-733-5151, 원주 중앙점 033-742-9884

누구나 생각하던 일반적인 '공방'이 아닙니다.

소잉에 필요한 원단, 부재료, 패턴, 서적의
다양하고 풍성한 상품구성 공간!

그동안 눈으로만 봤었던 "재봉틀(미싱)"을
샵에서 직접 만져보고 체험 할 수 있는 공간!

본사의 체계적인 관리와 교육을 마스터한
전문강사와 다양한 과정의 수준높은 소잉교육
공간!

눈으로 보고, 손으로 만져보고, 몸으로 체험하는
국내최초 신개념 소잉 복합공간, 소잉DIY 전문
멀티샵! 입니다.

심플소잉NCC 대리점은 소잉을 통한 즐거움과
행복으로 더욱 풍성해지고 가치있는 삶을
전해드립니다.

상담 및 문의 1644-5662
웹페이지 www.nccmising.com

NCC미싱의 새로운 친구 **"에밀리"**를 소개합니다.

CC-9910

실속형 베이직미싱
" 에밀리 " 가 소잉의 꿈을 완성해 드립니다.

에밀리 장점

| 21종 패턴 | 자동 실 끼우기 장치 | LED 조명 | 노루발 압력 조절 | 프리암 기능 |

NCC미싱의 새로운 친구 "스누피"를 소개합니다.

SNOOPY® CC-9907

"스누피" 와 함께
즐거운 소잉생활의 시작

스누피 장점

| 9종 패턴 | 자동 실 끼우기 장치 | LED 조명 | 노루발 압력 조절 | 프리암 기능 |

VERY GOOD!

©Peanuts

HAPPYBEARS

High Quality
매끈한 표면은 원단 봉제 시
발생하는 시임퍼커링 현상을
최소화시켜주어 봉제감이 탁월하다
작품의 완성도 up!
(시임퍼커링:봉제시 원단이 자글자글 울어
봉제선이 일정하지 않고 모양이 틀어지는 현상)

Strong
일반봉제사와 달리 실 중심에
나일론사가 들어있기 때문에
훨씬 더 강하고 고급스럽다
Polyester60%, Nylon40%

PRIME
프라임으로 가능한 Real Happy Sewing

가치있는 작품을 위한 특별한 소잉실

프라임이 당신의 작품을 한층 더
근사하게 만들어 줍니다.

90 Color
프라임 소잉전용실
45수2합 / 400m
(일반두께 원단 봉제시 사용)

20 Color
스티치 프라임 소잉전용실
29수3합 / 200m
(장식스티치 또는 두꺼운 원단 봉제시 사용)

Best Design
가정용 미싱에 사용하기 좋은
효율적인 디자인과 사이즈로,
실패 끝에는 여닫는 부분이 있어
사용과 관리가 무척 편리하다

So nice!
내추럴 소잉작품 등에 다양하게
사용될 수 있는 고급스러운 색감!

프라임 소잉전용실은 홈패션, 머신퀼트,
미싱자수, 소품, 의상 등 작품 구분 없이
수영복원단, 다이마루, 모직, 가죽 등
다양한 원단을 봉제할 수 있는
다재다능한 멀티실이다 :)

5cm

3cm

제품가격 : 2,400원

〈구입처〉
패션스타트 (fashionstart net) / 패션스타트NCC 대리점
심플소잉 (simplesewing.co.kr) / 심플소잉NCC 대리점
퀼트스타 (quiltstar.co.kr) / 그 외 온 · 오프라인
더 자세한 상품정보가 궁금하시면 QR코드를 찍어주세요